计算机网络实验

金 蓉 高 明 王伟明 编著

ZHEJIANG UNIVERSITY PRESS
浙江大学出版社

内容简介

本书以锐捷 S2128G 交换机、锐捷 S3760-24 交换机、锐捷 R1762 路由器、锐捷 R2690 路由器为实验设备，以 Packet Tracer 5.0 为仿真软件，设计了几个基本的计算机网络实验，主要包括：基本操作、交换机基本配置、路由器基本配置、PPP、STP、VLAN、RIP、OSPF、ACL、NAT。同时本书还设计了一个大型实验：规划大型单核心网络。

本书适合作为计算机网络实验教材。同时，对于从事计算机网络的技术人员来说，也是一本很实用的技术参考书。

图书在版编目(CIP)数据

计算机网络实验/ 金蓉，高明，王伟明编著. —杭州：浙江大学出版社，2012.4
ISBN 978-7-308-09748-2

Ⅰ.①计… Ⅱ.①金… ②高… ③王… Ⅲ.①计算机网络—实验—高等学校—教材 Ⅳ.TP393—33

中国版本图书馆 CIP 数据核字(2012)第 046066 号

计算机网络实验

金 蓉 高 明 王伟明 编著

责任编辑 许佳颖
封面设计 刘依群
出版发行 浙江大学出版社
(杭州市天目山路 148 号 邮政编码 310007)
(网址：http://www.zjupress.com)
排　　版 浙江时代出版服务有限公司
印　　刷 富阳市育才印刷有限公司
开　　本 787mm×1092mm 1/16
印　　张 6.25
字　　数 148 千
版 印 次 2012 年 4 月第 1 版 2012 年 4 月第 1 次印刷
书　　号 ISBN 978-7-308-09748-2
定　　价 15.00 元

浙江大学出版社发行部邮购电话 (0571)88072522

高等院校计算机技术“十二五”规划教材编委会

序　言

在人类进入信息社会的21世纪，信息作为重要的开发性资源，与材料、能源共同构成了社会物质生活的三大资源。信息产业的发展水平已成为衡量一个国家现代化水平与综合国力的重要标志。随着各行各业信息化进程的不断加速，计算机应用技术作为信息产业基石的地位和作用得到普遍重视。一方面，高等教育中，以计算机技术为核心的信息技术已成为很多专业课教学内容的有机组成部分，计算机应用能力成为衡量大学生业务素质与能力的标志之一；另一方面，初等教育中信息技术课程的普及，使高校新生的计算机基本知识起点有所提高。因此，高校中的计算机基础教学课程如何有别于计算机专业课程，体现分层、分类的特点，突出不同专业对计算机应用需求的多样性，已成为高校计算机基础教学改革的重要内容。

浙江大学出版社及时把握时机，根据教育部“非计算机专业计算机基础课程指导分委员会”发布的“关于进一步加强高等学校计算机基础教学的几点意见”以及“高等学校非计算机专业计算机基础课程教学基本要求”，针对“大学计算机基础”、“计算机程序设计基础”、“计算机硬件技术基础”、“数据库技术及应用”、“多媒体技术及应用”、“网络技术与应用”六门核心课程，组织编写了大学计算机基础教学的系列教材。

该系列教材编委会由国内计算机领域的院士与知名专家、教授组成，并且邀请了部分全国知名的计算机教育领域专家担任主审。浙江大学计算机学院各专业课程负责人、知名教授与博导牵头，组织有丰富教学经验和教材编写经验的教师参与了对教材大纲以及教材的编写工作。

该系列教材注重基本概念的介绍，在教材的整体框架设计上强调针对不同专业群体，体现不同专业类别的需求，突出计算机基础教学的应用性。同时，充分考虑了不同层次学校在人才培养目标上的差异，针对各门课程设计了面向不同对象的教材。除主教材外，还配有必要的配套实验教材、问题解答。教材内容丰富，体例新颖，通俗易懂，反映了作者们对大学计算机基础教学的最新探索与研究成果。

希望该系列教材的出版能有力地推动高校计算机基础教学课程内容的改革与发展，推动大学计算机基础教学的探索和创新，为计算机基础教学带来新的活力。

中国工程院院士
中国科学院计算技术研究所所长
浙江大学计算机学院院长

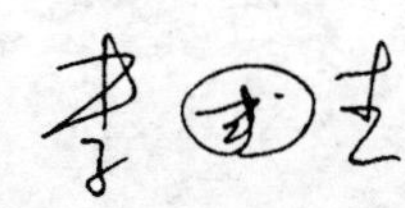

前　　言

随着计算机软硬件的不断升级换代，计算机教学内容也随之更新。计算机网络实验教学在计算机网络教育中的重要性日益突出。随着技术市场与人才市场对计算机网络专业人员的需求不断提高，产品的市场效率和技术要求也必然应该反映到教学中来。

为了适应计算机网络技术的发展和教学实验的要求，更加突出实验内容的实用性，结合多年的教学和科研的实践经验，我们编写这本计算机网络实验教材。

本教材有如下特点：

(1)结合理论与应用，每个实验均设有基础理论介绍，以及结合实际工程应用环境的实验背景；

(2)实验步骤中设置技术要点和提示，技术要点给出关键知识点的说明，提示给出针对性的具体操作提示；

(3)每个实验均设有 FAQ，即常见问题解答，同学们在做实验时若有问题，可首先自行查阅 FAQ。这样既有利于培养学生解决问题的能力，又有利于教师从大量简单重复性的答疑中解放出来，专注于更深层次的引导。

本书总共十三章，内容安排如下。第一章介绍整体实验环境和基本操作；第二到第十二章设计典型的路由交换实验，涉及基本配置、HDLC、PPP、STP、VLAN、VLAN 间路由、RIP、OSPF、ACL、NAT 等专题。第十三章为大型实验，适合用于 15 课时的课程设计。

本书由金蓉组织统稿，感谢周靖峰、李晨、陈樟元的实验验证工作。本书出版得到浙江工商大学浙江本科高校实验教学示范中心项目“网络与通信技术实验教学中心”的资助，同时感谢浙江工商大学计算机网络精品课程建设项目资助。

本书适合作为计算机网络实验教材。同时，对于从事计算机网络的技术人员来说，也是一本实用的技术参考书。

由于时间仓促，加上作者水平有限，书中难免有不妥和错误之处，恳请同行专家指正。E－mail：jinrong@mail. zjgsu. edu. cn。

编者

2011 年 7 月于杭州

目　　录

第 1 章 基本操作

本章首先简要介绍整个实验室的网络拓扑，然后介绍登录设备、组建实验网络、访问路由器的方法，最后介绍 IOS（InternetWork Operating System，网间网操作系统）一些最基本的操作。

1.1 实验室拓扑

实验室拓扑如图 1.1 所示。所有的学生机、RCMS（Remote Control and Management System，远程监控管理系统）控制器、防火墙、交换机、服务器处于同一局域网段 10.20.3.0，与校园网相连。

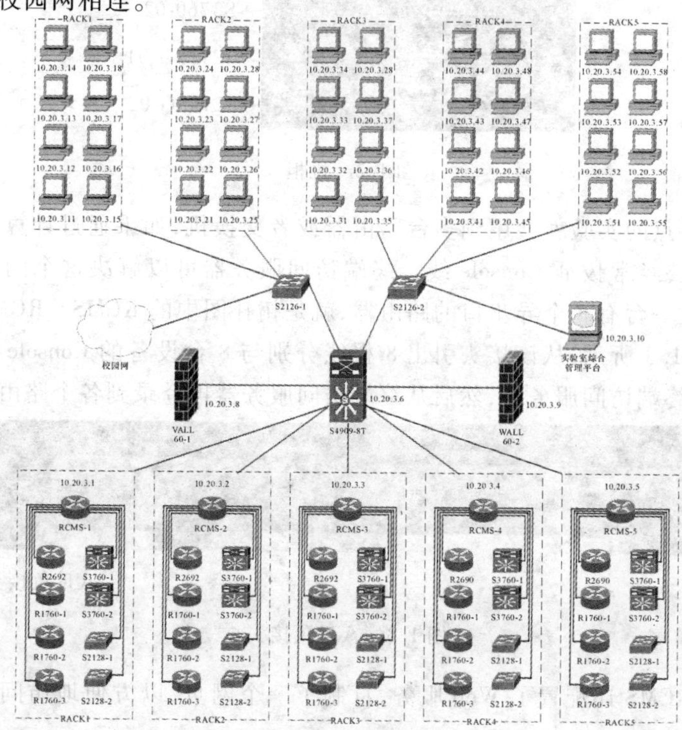

图 1.1 实验室拓扑

学生机分成 5 个大组，每组 8 台，以第一大组为例，分配的 IP 地址为 10.20.3.11—10.20.3.18。

实验室有 5 个机柜，每个机柜从上到下依次放置 1 台 RCMS 控制器、1 台 R2692 路由器、3 台 R1762 路由器、2 台 S3760 交换机、以及 2 台 S2128G 交换机。

对每个机柜的 RCMS 都设置了访问控制策略，如只有第一大组的学生机可以访问第一个机柜中的设备。

1.2 登录设备

实验室有 5 个机柜，以第一个机柜为例，如图 1.2 所示。

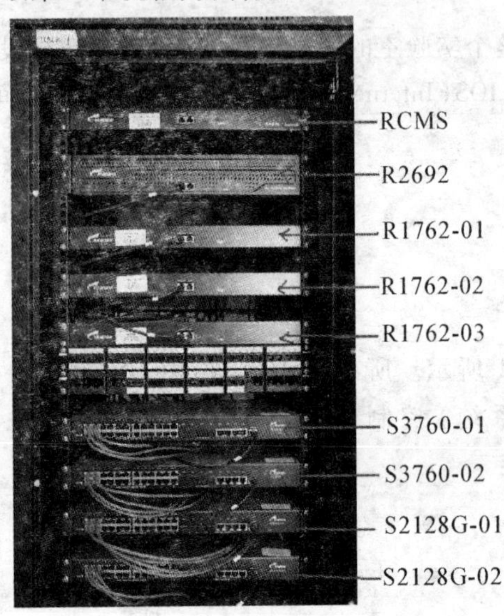

图 1.2 机柜

稍微复杂一点的实验就会用到多台路由器或者交换机，如果通过计算机的串口和它们相连接，就需要经常拔插 Console 线。终端访问服务器可以解决这个问题。终端访问服务器实际上是一台有 8 个异步口的路由器，就是拓扑图中的 RCMS。RCMS 背后有一八爪鱼接头，如图 1.3 所示，从该接头引出 8 根线分别与 8 台设备的 Console 口相连。使用时，首先登录到终端访问服务器，然后从终端访问服务器再登录到各个路由器。

图 1.3 八爪鱼接头

实验室的 RCMS 还配置了 Web 服务，订制了一个网页，以方便地访问各个设备。以第五组学生为例,打开浏览器,地址栏中输入 http:// 10.20.3.5: 8080 即可访问第五组的终端访问服务器,如图 1.4 所示。单击网页中一个设备,就会弹出 telnet 窗口,登录到相应的设备中。注意,学生机虽然是通过 Telnet 登录终端访问服务器,但终端访问服务器是通过 Console 访问设备的,所以总的来讲,相当于学生机通过 Console 访问设备。

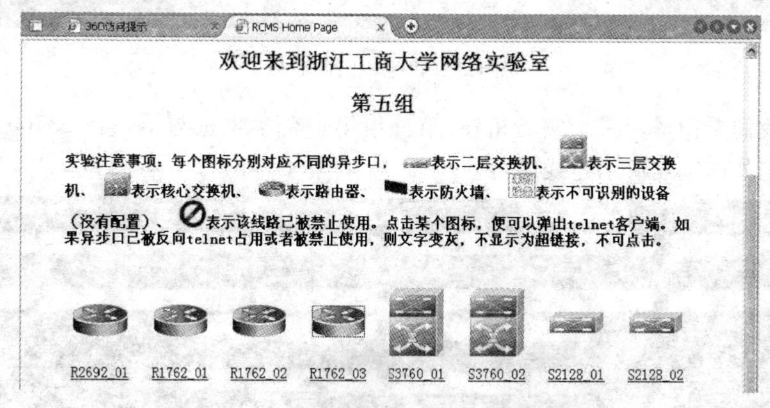

图 1.4 学生机通过 Console 访问设备

1.3 组建实验网络

图 1.1 是整个实验室组成的局域网。每个学生在实验时,需要组建自己独立的实验网络,可能包含 PC(Personal Computer,个人计算机)、路由器、交换机。这时,就需要将这些 PC、路由器、交换机进行正确的连线。

为了避免设备接口的频繁拔插,实验室将各 PC、路由器、交换机的接口均引到了机柜中间的面板上。学生只需在面板上进行正确的连线即可迅速搭建自己独立的实验网络。第一组机柜中间的面板如图 1.5 所示。共两排,上面一排自左往右依次是 R2690 的 4 个以太网接口,标识分别是 F1/0、F1/1、F3/0、F3/1;第一台 R1762 的 2 个以太网接口,标识分别是 F1/0、F1/1;第二台 R1762 的 2 个以太网接口,标识分别是 F1/0、F1/1;第三台 R1762 的 2 个以太网接口,标识分别是 F1/0、F1/1;第一台 S3760 的 4 个以太网接口,标识分别是 F0/1、F0/2、F0/3、F0/4;第二台 S3760 的 4 个以太网接口,标识分别是 F0/1、F0/2、F0/3、F0/4;第一台 S2128-G 的 4 个以太网接口,标识分别是 F0/1、F0/2、F0/3、F0/4;第二台 S2128-G 的 4 个以太网接口,标识分别是 F0/1、F0/2、F0/3、F0/4。下面一排,自左往右依次是第一组学生机的接口,标识分别是 R1-1—R1-8。

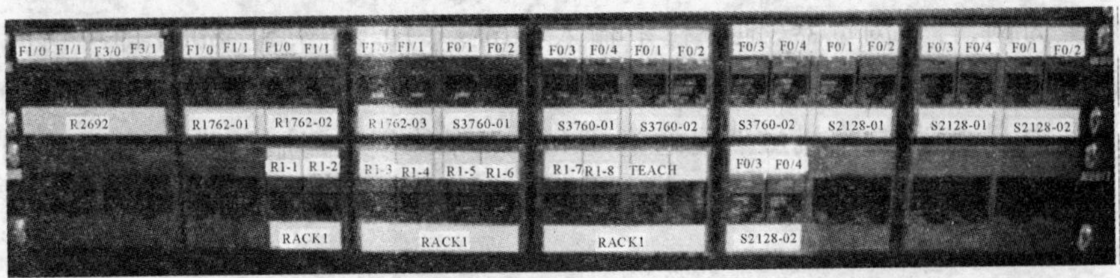

图 1.5 机柜中间的面板

例如,我们希望搭建一个实验拓扑,第一组第一台学生机与第一台 S3760 的 F0/1 相连,我们只需如图 1.6 所示连线即可。

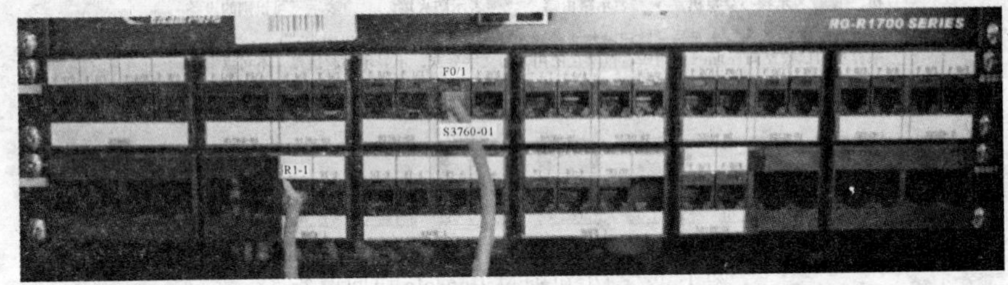

图 1.6 连线示意

> 每台 PC 机均有两块网卡。其中一块网卡配置 10.20.3.0/24 网段的 IP 地址,用以通过 RCMS 登录路由器或交换机;另一块网卡则是用以组建实验网络,具体 IP 地址根据具体实验设定。另外,第一块网卡也用以与校园网相连,从而可以访问 Internet。

1.4 实验:CLI 的使用及 IOS 基本命令

【实验目的】掌握路由器的 IOS 基本命令;查看路由器的有关信息。

【实验拓扑】本实验无需额外搭建实验拓扑。

【实验设备】锐捷 R2692 或锐捷 R1760 或锐捷 S3760。

1. 用户模式和特权模式的切换

```
R1762 >enable
R1762#disable
R1762 >
```

//"R1762"是路由器的名字,">"代表处于用户模式。"enable"命令可以使路由器从用户模式进入特权模式,"disable"命令则相反,在特权模式下的提示符为"#"。

2.【?】和【Tab】键的使用

```
R1762 >en【Tab】                //用【Tab】键可以补全命令。
R1762 >enable
R1762#
R1762#?                       //【?】可以查询当前状态下能够使用的命令。
Exec commands:
  <1 -99 >                    Session number to resume
  cd                          Change current working directory
  clear                       Reset functions
  …
  undebug                     Disable debugging functions (see also debug)
  write          Write running configuration to memory, network, or terminal
R1762#
R1762#co?                     //【?】也可查看以某些字母开头的命令。
configure copy
R1762#co【Tab】
R1762#co                      //按【Tab】无效是因为 configure 和 copy 都是以 co 开头。
R1762#con【Tab】               //多写一个 n 以识别是 configure。
R1762#configure t【Tab】
R1762#configure terminal?     //【?】和上一个单词之间要有空格,否则效果会不一样。
  <cr>                        // <cr>表示回车。
R1762#configure terminal
Enter configuration commands, one per line. End with CNTL/Z.
R1762(config)#
```

3. 基本 IOS 命令

```
R1762 >enable
R1762#configure terminal
R1762(config)#hostname R1              //更改路由器名。
R1(config)#interface f1/0              //进入接口 f1/0。
R1(config-if)#ip address 192.168.1.254  255.255.255.0      //配置接口的 IP 地址。
R1(config-if)#no shutdown              //将接口打开。
R1(config-if)#exit                     //回退一层。
R1(config)#exit                        //回退一层。可以用【end】直接退回特权模式。
R1#copy running-config startup-config              //保存配置文件。

Building configuration...
```

4. "show"命令

```
R1#show running-config

Building configuration...
Current configuration : 525 bytes
...
enable password 7 0312654b526b55          //显示 enable 密码。
...
hostname R1                               //路由器名。
...
interface FastEthernet 1/0                //F1/0 接口信息。
  ip address 192.168.1.254  255.255.255.0
  duplex auto
  speed auto
...
line vty 0 4
  login
password 7 04664a556a5679                 //显示 Telnet 密码。
...
end
```

1.5 命令汇总

命令汇总见表 1.1。

表 1.1 命令汇总

命令	作用
enable	从用户模式进入特权模式
configure terminal	进入配置模式
interface f1/0	进入百兆以太网接口模式
ip address 192. 168. 1. 254 255. 255. 255. 0	配置接口的 IP 地址
no shutdown	打开接口
exit	退回到上一级模式
end	直接回到特权模式
copy running-config startup-config	把内存中的配置文件保存到启动文件中
show running-confing	显示内存中的配置文件

1.6　FAQ

1. 为什么不能打开控制器网页？

答：按以下步骤分析可能的原因。

（1）PC 网卡是否配置了 IP 地址，搞清楚该在哪块网卡配置 IP 地址。

（2）配置的 IP 地址是否正确？例如，第一组第一台机器，应设为 10. 20. 3. 1. 11。

（3）ping 测试，ping 一下控制器，例如第一组 ping 10. 20. 3. 1。若通，则进行下一步检查。

（4）检查浏览器的地址栏是否正确输入，端口号为 8080。

2. 怎么 ping ？

答：开始→运行→输入“cmd”，即打开了 cmd 窗口，在该窗口内输入 ping 10. 20. 3. 1 命令即可。

3. 怎样算是 ping 通？

答：ping 通的界面如图 1. 7 所示。

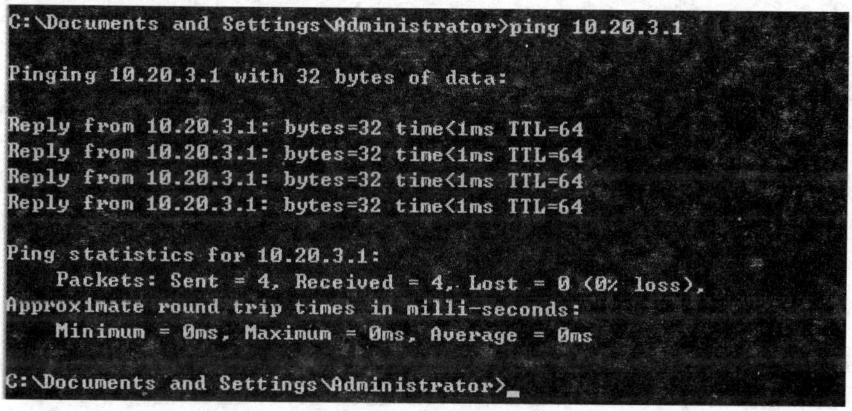

```
C:\Documents and Settings\Administrator>ping 10.20.3.1

Pinging 10.20.3.1 with 32 bytes of data:

Reply from 10.20.3.1: bytes=32 time<1ms TTL=64
Reply from 10.20.3.1: bytes=32 time<1ms TTL=64
Reply from 10.20.3.1: bytes=32 time<1ms TTL=64
Reply from 10.20.3.1: bytes=32 time<1ms TTL=64

Ping statistics for 10.20.3.1:
    Packets: Sent = 4, Received = 4, Lost = 0 (0% loss),
Approximate round trip times in milli-seconds:
    Minimum = 0ms, Maximum = 0ms, Average = 0ms

C:\Documents and Settings\Administrator>_
```

图 1. 7　ping 测试

第 2 章

交换机基本配置

交换机是局域网中最重要的设备，交换机是基于 MAC(Media Access Control，媒介接入控制)地址来进行工作的。本章将简单介绍二层交换机的工作原理、基本配置、利用 TFTP(Trivial File Transfer Protocol，小文件传输协议)服务器来备份和恢复配置、交换机的密码恢复等内容。后续章节还将介绍 STP(Spanninp Tree Protocol，生成树协议)、VLAN(Virtual Local Area Network，虚拟局域网)、三层交换等内容。

2.1 交换机简介

二层交换技术发展比较成熟。二层交换机属数据链路层设备，可以识别数据包中的 MAC 地址信息，根据 MAC 地址进行转发，并将这些 MAC 地址与对应的端口记录在自己内部的一个地址表(Context Address Memory，CAM 表)中。具体的工作流程如下。

(1)当交换机从某个端口收到一个数据包，它先读取包头中的源 MAC 地址，这样它就知道源 MAC 地址的机器是连在哪个端口的。

(2)读取包头中的目的 MAC 地址，并在地址表中查找相应的端口。

(3)如表中有与该目的 MAC 地址对应的端口，把数据包直接复制到该端口。

(4)如表中找不到相应的端口则把数据包广播到所有端口，当目的机器对源机器回应时，交换机又可以学习这一目的 MAC 地址与哪个端口对应，下次传送数据时就不再需要对所有端口进行广播了。

不断循环这个过程，可以学习全网的 MAC 地址信息，二层交换机就是这样建立和维护它自己的地址表。

以太网交换机转发数据帧常有直通交换和存储转发这两种交换方式。

(1)直通交换。提供线速处理能力，交换机只读出网络帧的前 14 个字节(目的地址、源地址、类型号)，便将网络帧传送到相应的端口，其工作原理如图 2.1 所示。

图 2.1　直通交换工作原理

(2)存储转发:通过对网络帧的读取进行验错和控制,其工作原理如图 2.2 所示。

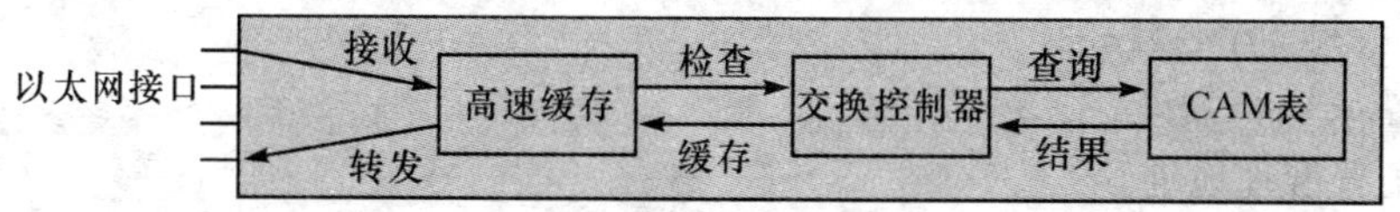

图 2.2　存储转发工作原理

直通交换的交换速度非常快,但缺乏对网络帧进行更高级的控制,缺乏智能性和安全性,同时也无法支持具有不同速率的端口的交换。因此,各厂商把存储转发作为开发重点。

2.2　实验 1:配置交换机支持 Telnet

【实验名称】配置交换机支持 Telnet。

【实验目的】掌握交换机基本配置,学会配置交换机支持 Telnet。

【实验背景】某学校购买了一台新的二层交换机,网络管理员希望给该交换机命名、设置访问密码、设置管理地址、并保存配置。另外,网络管理员希望第一次在设备机房对交换机进行初次配置后,在办公室或出差时也能对设备进行远程管理。请在交换机上做适当配置,使他可以实现这一愿望。

【实现功能】交换机命名、密码设置、管理地址配置、配置保存,Telnet 配置。

【实验拓扑】实验拓扑如图 2.3 所示,PC 机通过串口与交换机的控制口相连。注意,在实际实验室环境中,是 PC 机通过网线跟每个机柜的控制器 RCMS 相连,RCMS 通过八爪鱼接头与交换机的控制口相连。

图 2.3　实验 1 拓扑

【实验设备】锐捷 S2128G 或锐捷 S3760-24

实验步骤如下。

(1)配置交换机名。

```
S3760 >enable
S3760#configure terminal
Enter configuration commands, one per line. End with CNTL/Z.
```

```
S3760(config)#hostname S1
```

(2)配置密码。

```
S1(config)#enable secret level 15 0 start
  //设置特权模式的密码(15 级密码)为 start。
S1(config)#line vty 0 15
S1(config-line)#password start
S1(config-line)#login
//设置 telnet 密码。
```

(3)配置管理地址。

```
S1(config)#interface vlan 1
S1(config-if)#ip address 192.168.1.1  255.255.255.0
S1(config-if)#no shutdown
S1(config-if)#ip default-gateway 192.168.1.254
```

//以上在 VLAN 1 接口上配置了管理地址,接在 VLAN 1 上的计算机可以直接 Telnet 该地址。为了其他网段的计算机也可以 Telnet 交换机,我们在交换机上配置了默认网关。

(4)保存配置。

```
S1#copy running-config startup-config
Building configuration...
[OK]
```

> 锐捷 S2128G 密码恢复需要使用特殊的串口速率。实验室不开放锐捷 S2128G 的 15 级密码。若选用锐捷 S2128G,可以用 14 级用户的身份登录,登录方式如下,密码是 start。
>
> ```
> Switch>enable 14
> Password:
> Switch#
> ```
>
> 14 级用户无权配置密码,无权保存配置。因此若选用锐捷 S2128G,只能进行配置管理地址这一步骤的操作。

(5)实验验证。

配置 PC 机网卡的 IP 地址为 192.168.1.2。打开 cmd 窗口,先验证 PC 与交换机之间的连通性,ping 通效果如图 2.4 所示。

```
C:\Documents and Settings\user>ping 192.168:1.1

Pinging 192.168.1.1 with 32 bytes of data:

Reply from 192.168.1.1: bytes=32 time=6ms TTL=64
Reply from 192.168.1.1: bytes=32 time<1ms TTL=64
Reply from 192.168.1.1: bytes=32 time<1ms TTL=64
Reply from 192.168.1.1: bytes=32 time<1ms TTL=64

Ping statistics for 192.168.1.1:
    Packets: Sent = 4, Received = 4, Lost = 0 (0% loss),
Approximate round trip times in milli-seconds:
    Minimum = 0ms, Maximum = 6ms, Average = 1ms
```

图 2.4 ping 测试

PC 远程登录到交换机的测试见图 2.5。该图表明 PC 已经可以顺利通过远程登录的方式登录交换机。自此之后，Console 口的连线可以撤除，只要网络连通，任何 PC 都可以远程登录交换机进行管理。

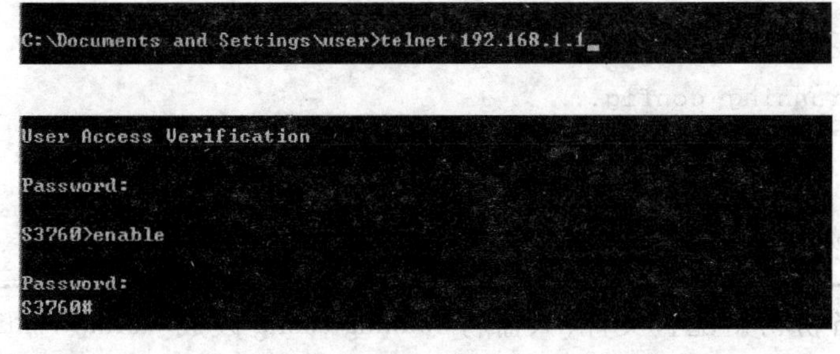

图 2.5　Telnet 测试

2.3　实验 2：利用 TFTP 管理交换机配置

【实验名称】利用 TFTP 管理交换机配置。

【实验目的】能够将交换机的配置文件备份到 TFTP 服务器，也能够从 TFTP 服务器恢复交换机的配置文件。

【实验背景】为防止某台交换机的配置文件由于误操作或其他原因被破坏而无法恢复，将交换机的配置文件备份在 TFTP 服务器上。若文件被破坏而无法恢复时，可通过 TFTP 服务器上的备份配置文件恢复。

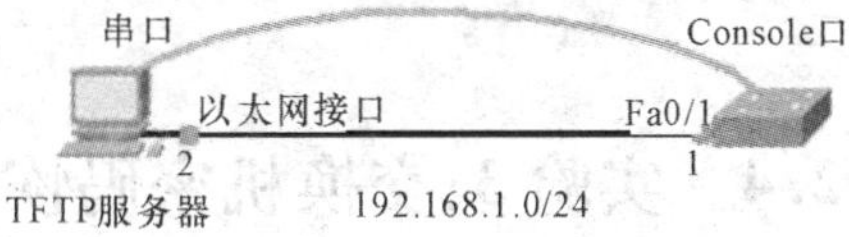

【实现功能】TFTP 备份。

【实验拓扑】实验拓扑如图 2.6 所示。

串口
Console口
以太网接口
Fa0/1
2
1
TFTP服务器
192.168.1.0/24

图 2.6　实验 2 拓扑

【实验设备】锐捷 S3760-24。

> 由于备份操作需要 15 级用户权限，因此锐捷 S2128G 不能做该实验。

实验步骤如下。

(1) 配置管理接口的 IP 地址，并验证 PC 与交换机的网络连通性。具体操作见实验 1。

(2) PC 机上运行 TFTP 服务。

> 可以选用 CISCO TFTP Server，下载解压直接运行 TFTPServer.exe 即可。通过菜单“查看”→“选项”中的“TFTP 服务器根目录”设置将来配置文件备份的文件夹路径。

(3) 备份交换机配置到 TFTP 服务器上。

```
S1#copy running-config tftp                //备份交换机的当前配置文件到 TFTP 服务器。
Address of remote host []? 192.168.1.2     //输入 TFTP 服务器的 IP 地址。
Destination filename []? S1-config         //输入配置文件名。

Building configuration...
Accessing running-config...

Success : Transmission success,file length 1307
//提示备份成功,可以在 TFTP 服务器上找到所备份的文件了。
```

若备份初始配置文件,只需将 running-config 改成 startup-config 即可。也可备份整个操作系统。保存配置文件前,需要确保网络连通性。

(4)从 TFTP 服务器上恢复交换机配置。

```
S1#copy tftp running-config                //从 TFTP 服务器恢复交换机的配置文件。
Address of remote host []? 192.168.1.2     //输入 TFTP 服务器的 IP 地址。
Source filename[]? S1-config               //输入配置文件名。

Accessing tftp://192.168.1.2/S1-config...

Success:Transmission success,file length 1307
//提示备份成功,可以用 show running-conf 命令查看当前的配置文件了。
```

2.4 实验3:交换机密码恢复

【实验名称】交换机密码恢复。

【实验目的】掌握交换机密码恢复技能。

【实验背景】假设某单位的网络管理员忘记了交换机密码,需要恢复交换机密码。

【实现功能】清除交换机密码。

【实验拓扑】实验拓扑如图 2.7 所示。

图 2.7 实验 3 拓扑

【实验设备】锐捷 S3760-24。

交换机密码恢复步骤和路由器的密码恢复步骤有差别,并且不同型号的交换机恢复方法也有所差异。以下是锐捷 S3760-24 交换机的密码恢复步骤。

(1)PC 与交换机的 Console 口相连,拔掉交换机电源,按住【Ctrl】+【C】不放,接上电源,出现如下提示。

```
S1 >
System bootstrap ...
Boot Version: RGNOS 10.1.00(2), Release(13486)
```

```
Freescale MPC8241/8245 Processor run at 198MHz with 128MB memory
Nor Flash ID: 0x00010049, SIZE: 2097152Byte
Press Ctrl + B to enter Boot Menu .......
Load Ctrl Program ...

Ctrl Version: RGNOS 10.1.00(4), Release(17948)
Press Ctrl + C to enter Ctrl Menu

Hot Commands:
- - - - - - - - - - - - - - - - - - - - - - - - - - - - - - - - - -
___________________________________________________________________

Ctrl >
```

(2)删除 config. text,再重启。此时密码已被清除,管理员可以重新设定密码。

```
Ctrl > rm config.text              //删除配置文件。
Ctrl > reload                      //重启动。
```

锐捷路由器与锐捷三层交换机密码恢复方法相同。若是二层交换机,则需要将串口速率改为 57600,按住【ESC】键,冷启,删除 config. text。这样不仅清除了密码,而且清除了所有配置。若想保存配置,可以先将config. text 重命名为 config. old。重启进入特权模式后再重命名回 config. text,并拷到 running-confg 中,再用命令设置新的密码,保存即可。但锐捷 S3760-24 不支持将 config. text 拷贝到 running-config 中。

2.5　命令汇总

相关操作命令如表 2.1 所示。

表 2.1　命令汇总

命令	作用
enable secret level 15 0 start	设置特权模式的密码(15 级密码)为 start
line vty 0 15 password start login	设置 Telnet 密码
interface vlan 1 ip address 192. 168. 1. 1 255. 255. 255. 0 no shutdown	配置交换机的管理地址
ip default-gateway 192. 168. 1. 254	配置默认网关
copy running-config startup-config	保存配置
copy running-config tftp	将配置备份到 TFTP 服务器
copy tftp running-config	从 TFTP 服务器拷贝配置文件

2.6 FAQ

1. 锐捷设备设置远程登录密码,不同设备命令是否相同

答:不同。

(1)路由器:

```
Line vty 0 4
Password ruijie
Login
```

(2)三层交换机:

```
Line vty 0 15
Password ruijie
Login
```

(3)二层交换机:

```
Enable sercret level 1 0 ruijie
```

2. 二层交换机配置默认网关有什么作用?

答:跨网段交换机之间管理需要设置默认网关。如果现在用户连在 switch-01 上,处于 switch-01 所处的网段中,想利用网络远程管理另一个网段的交换机 switch-02 就需要在双方交换机设置一个默认网关,表示交换机无法转发的数据帧就交给该 IP 地址(网关 IP 地址)的设备处理以便能完成数据帧的转发过程;发送的过程如图 2.8 所示。

(1)telnet 192.168.1.253

(2)判断出不是同一个网段,所以检查是否有默认网关。

(3)如果没有默认网关则无法与 switch-02 通信。

(4)如果有默认网关,则发送 ARP(Address Resolution Protocol,地址解析协议)广播获得网关的 MAC 地址,完成数据帧封装后交给默认网关。

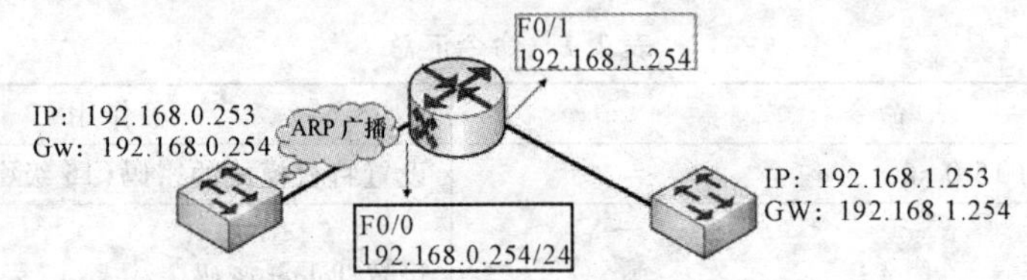

图 2.8 跨网的交换机数据发送

一般来说,管理同网段的交换机时对交换机配置一个管理性 IP 地址就可以了,当要从一个交换机跨网段管理另一个交换机时需要给交换机配置默认网关。

第 3 章

路由器基本配置

路由器是三层设备。本章介绍路由器工作原理和路由器的基本配置。路由器更多的配置将在后续章节中介绍。

3.1 路由器简介

路由器是一种连接多个网络或网段的网络设备,它能“翻译”不同网络或网段之间的数据信息,以使它们能够相互“读”懂对方的数据,从而构成一个更大的网络。

路由器有两大主要功能,即转发和路由。转发功能包括转发决定、背板转发以及输出链路调度等,一般由特定的硬件来完成;路由功能一般用软件来实现,包括与相邻路由器之间的信息交换、系统配置、系统管理等。

路由器收到一个包后典型的处理流程如图 3.1 所示。

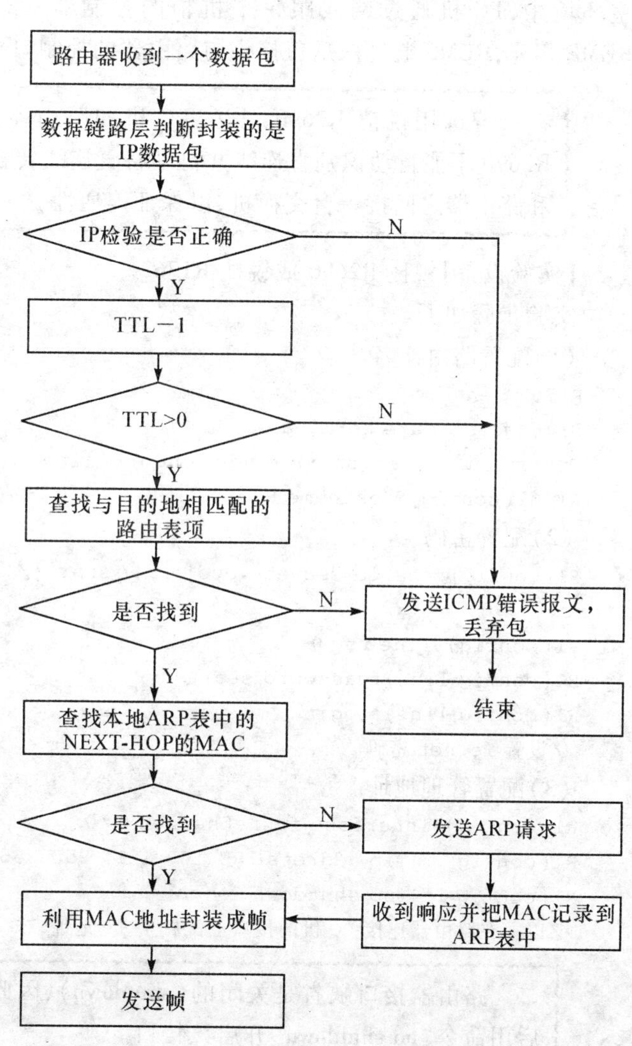

图 3.1 路由器收到一个包后的典型处理流程

3.2 实验1:配置路由器支持 Telnet

【实验名称】配置路由器支持 Telnet。

【实验目的】掌握路由器基本配置,学会配置路由器支持 Telnet。

【实验背景】假设某学校的网络管理员在设备机房进行初次配置后,希望在办公室或出差时也可以对设备进行远程管理。请在路由器上做适当配置实现该功能。

【实现功能】路由器命名,密码设置,接口地址配置,配置保存,Telnet 配置。

【实验拓扑】实验拓扑如图 3.2 所示,PC 机通过串口与路由器的控制口相连。注意,在实际实验室环境中,PC 机通过网线跟每个机柜的控制器 RCMS 相连,RCMS 通过八爪鱼接头与路由器的控制口相连。

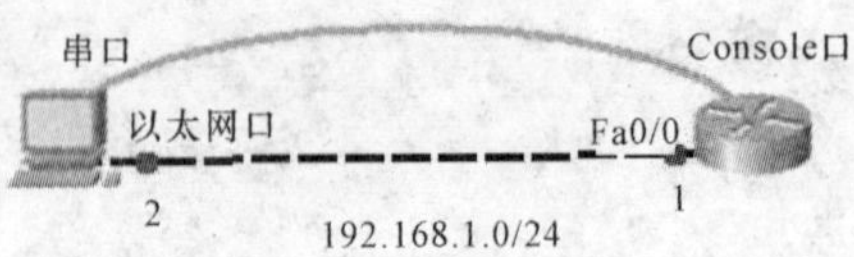

图 3.2 实验 1 拓扑

> 若选用锐捷 R2690,需在 PC 机和路由器之间接一台交换机。锐捷 R2690 不能自动识别直连线并自动将直连线转换为交叉线,因此需要在 PC 和路由器之间接一台交换机,以保证连通性。

【实验设备】锐捷 R2690 或锐捷 R1762。

实验步骤如下。

(1)配置路由器名。

```
R1762 >enable
R1762#configure terminal
Enter configuration commands, one per line. End with CNTL/Z.
R1762(config)#hostname R1
```

(2)配置密码。

```
R1(config)#enable secret level 15 0 start //设置特权模式的密码(15 级密码)为start。
R1(config)#line vty 0 4
R1(config-line)#password start
R1(config-line)#login
//设置 Telnet 密码。
```

(3)配置管理地址。

```
R1(config)#interface fastethernet 0/0
R1(config-if)#ip address 192.168.1.1  255.255.255.0
R1(config-if)#no shutdown
//以上在路由器连接 PC 机的接口上配置了 IP 地址,PC 可以直接 Telnet 该地址。
```

> 路由器接口缺省是关闭的(shutdown),因此必须在配置接口的 IP 地址后用命令“no shutdown”开启该接口。

(4)保存配置。

```
R1#copy running-config startup-config
Building configuration...
[OK]
```

(5)实验验证:配置 PC 机网卡的 IP 地址为 192.168.1.2。打开 cmd 窗口,先验证 PC 与路由器之间的连通性,ping 通效果如图 3.3 所示。

```
C:\Documents and Settings\user>ping 192.168.1.1

Pinging 192.168.1.1 with 32 bytes of data:

Reply from 192.168.1.1: bytes=32 time=6ms TTL=64
Reply from 192.168.1.1: bytes=32 time<1ms TTL=64
Reply from 192.168.1.1: bytes=32 time<1ms TTL=64
Reply from 192.168.1.1: bytes=32 time<1ms TTL=64

Ping statistics for 192.168.1.1:
    Packets: Sent = 4, Received = 4, Lost = 0 (0% loss),
Approximate round trip times in milli-seconds:
    Minimum = 0ms, Maximum = 6ms, Average = 1ms
```

图 3.3 ping 测试

PC 远程登录到路由器的测试见图 3.4。出现如图 3.4 所示界面时,PC 已经可以顺利通过远程登录的方式登录路由器,可以撤除 Console 口的连线。之后,只要网络通畅,任何 PC 都可以远程登录路由器进行管理。

```
C:\Documents and Settings\user>telnet 192.168.1.1

User Access Verification

Password:

S3760>enable

Password:
S3760#
```

图 3.4 Telnet 测试

3.3 实验 2:利用 TFTP 管理路由器配置

【实验名称】利用 TFTP 管理路由器配置。

【实验目的】将路由器的配置文件备份到 TFTP 服务器,也能从 TFTP 服务器恢复路由器的配置文件。

【实验背景】为防止某台路由器的配置文件由于误操作或其他原因被破坏而无法恢复,将路由器的配置文件备份在 TFTP 服务器上。万一文件被破坏而无法恢复时,可通过 TFTP 服务器上的备份配置文件恢复。

【实现功能】TFTP 备份。

【实验拓扑】实验拓扑如图 3.5 所示。

图 3.5　实验 2 拓扑

【实验设备】锐捷 R2690 或 R1762，锐捷 S3760-24。

实验步骤如下。

(1)配置管理接口的 IP 地址，并验证 PC 与路由器的网络连通性。具体操作详见实验 1。

(2)PC 机上运行 TFTP 服务。

> 可以选用 CISCO TFTP Server，下载解压直接运行 TFTPServer. exe 即可。通过“查看”→“选项”中的“TFTP 服务器根目录”设置将来配置文件备份的文件夹路径。

(3)备份路由器配置到 TFTP 服务器上。

```
R1#copy running-config tftp                //备份路由器的当前配置文件到 TFTP 服务器。
Address of remote host []? 192.168.1.2 //输入 TFTP 服务器的 IP 地址。
Destination filename []? R1-config         //输入配置文件名。

Building configuration...
Accessing running-config...

Success : Transmission success,file length 1307
//提示备份成功,可以在 TFTP 服务器上找到所备份的文件了。
```

> 备份初始配置文件，只需将 running-config 改成 startup-config。也可备份整个操作系统。保存配置文件前，需要确保网络连通性。

(4)从 TFTP 服务器上恢复路由器配置。

```
R1#copy tftp running-config                //从 TFTP 服务器恢复路由器的配置文件。
Address of remote host []? 192.168.1.2 //输入 TFTP 服务器的 IP 地址。
Source filename []? R1-config              //输入配置文件名。

Accessing tftp://192.168.1.2/R1-config...

Success:Transmission success,file length 1307
//提示备份成功,可以用 show running-conf 命令查看当前的配置文件。
```

3.4　实验 3:路由器密码恢复

【实验名称】路由器密码恢复。

【实验目的】通过本实验，掌握路由器密码恢复技能。

【实验背景】假设某单位的网络管理员忘记了自己配置的路由器密码,想恢复路由器的密码。

【实现功能】清除路由器密码。

【实验拓扑】实验拓扑如图 3.6 所示。

【实验设备】锐捷 R2690 或 R1762。

串口 Console口

图 3.6 实验 3 拓扑

各厂商的路由器密码恢复方法各不相同,同一厂商不同型号的路由器恢复方法也可能有所差异。以下是锐捷 R2690 或锐捷 R1762 路由器的密码恢复步骤。

(1)将 PC 与路由器的 Console 口相连,关掉路由器电源,按住【Ctrl】+【C】不放,打开电源,你会看到如下提示:

```
R1 >
System bootstrap...
Boot Version: RGNOS 10.1.00(4), Release(18076)
Nor Flash ID: 0x0001007E, SIZE: 8388608Byte
Waiting for subcard to initialize ..................
Press Ctrl + C to enter Boot Menu

Hot Commands:
------------------------------------------------------------------------
------------------------------------------------------------------------
BootLoader >
```

(2)删除 config. text,再重启。此时密码已被清除,管理员可以重新设定密码。

```
BootLoader >rm config.text          //删除配置文件。
BootLoader >reload                  //重新启动。
```

> 这样删除 config. text 的方法不仅清除了密码,而且清除了所有配置。若想保存配置,可以先将 config. text 重命名为 config. old。重启进入特权模式后再重命名回 config. text,并拷到 running-config 中,再用命令设置新的密码,再保存即可。但锐捷 S3760-24 不支持将 config. text 拷贝到 running-config 中。

3.5 命令汇总

路由器的基本配置命令如表 3.1 所示。

表 3.1　路由器基本配置命令汇总

命令	作用
line vty 0 4 password start login	设置 Telnet 密码
Interface f0/0 ip address 192. 168. 1. 1　255. 255. 255. 0 no shutdown	配置路由器的管理地址

3.6　FAQ

1. 我选择了锐捷 R2690,正确连线,为什么接口始终是 DOWN 的呢?

答:是交叉线和直连线的问题,详见实验 1 提示。

2. 为什么不能 Telnet?

答:可能的原因有很多,可以一一排查。首先,用 ping 测试验证网络的连通性。其次,远程 Telnet 必须要设置密码,验证路由器上是否已正确设置密码。

3. 怎么检查我输入的命令是否生效?

答:可以用 show running-conf 查看,若输入正确且生效的话,都会相应的在配置文件中出现,否则就没有生效。

4. 怎么知道接口编号?

答:路由器的接口旁都会有标识。也可用【?】寻求帮助。

```
R1762(config)#interface fastEthernet ?
  <1 -1 > FastEthernet slot number

R1762(config)#interface fastEthernet 1 /?
  <0 -1 >  FastEthernet port number

R1762(config)#interface fastEthernet 1 /0
```

第 4 章

HDLC 和 PPP

路由器经常用于构建广域网,广域网链路的封装和以太网的封装有非常大的差别。常见的广域网的封装有 HDLC(High-level Data Link Control,高级数据链路控制),PPP(Point-to-Point Protocol)和 Frame-relay 等,本章主要介绍 PPP。

4.1 概述

广域网链路的封装常采用 PPP 协议,如图 4.1 所示。数据帧从 PC1 到达 PC2 的过程中,帧格式每经过一种链路类型就发生一次变化。

(1)PC1 发出以太网帧,帧的源 MAC 为 PC1 的 MAC,目的 MAC 为 R1 的 F0/0 的 MAC;

(2)R1 查了路由表后,从 S0/0 发送出去时,帧为 PPP,没有 MAC 地址的概念;

(3)R2 查了路由表后,从 F0/0 发送出去时,帧又为以太网的帧,帧的源 MAC 为 R2 的 F0/0 的 MAC,帧的目的 MAC 为 PC2 的 MAC。

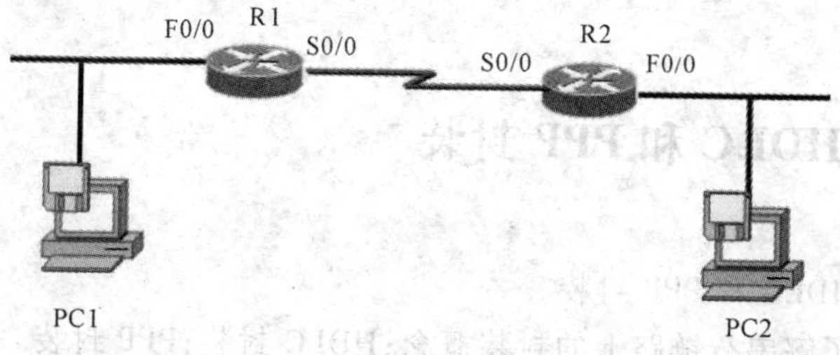

图 4.1　PPP 链路

PPP 会话的建立,包括以下过程。

(1)链路建立阶段:通信的发起方发送 LCP(Link Control Protocol,链路控制协议)帧来配置和检测数据链路。

(2)认证阶段(可选):如果配置认证等,则在该阶段进行认证。

(3)网络层协议阶段:通信的发起方发送 NCP(Network Control Protocol,网络控制协议)帧以选择并配置一个或多个网络层协议。

PPP 比 HDLC 有较多的功能,如认证。PPP 认证有 PAP 和 CHAP 两种。

如图 4.2 所示,PAP(Password Authentication Protocol,密码验证协议)利用 2 次握手的简单方法进行认证,在 PPP 链路建立完毕后,源节点不停地在链路上发送用户名和密码,直到验证通过。在 PAP 验证中,密码在链路上是以明文传输的,而且由于是源节点控制验证重试频率和次数,PAP 不能防范再生攻击和重复的尝试攻击。

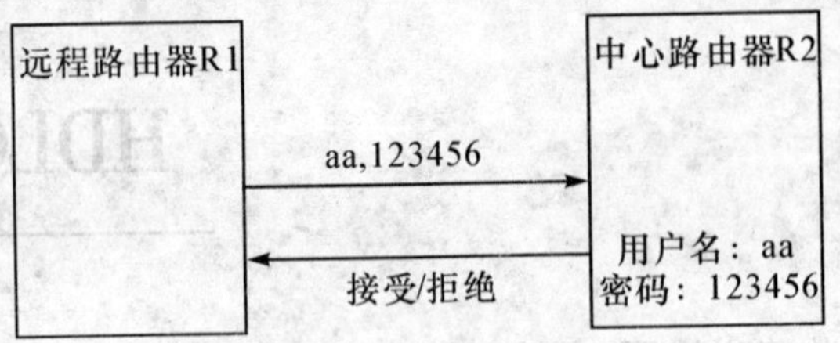

图 4.2 PAP 2 次握手

如图 4.3 所示,CHAP(Challenge Handshake Authentication Protocol,询问握手验证协议)利用 3 次握手周期地验证源端节点身份。CHAP 验证过程在链路建立之后进行,而且在以后的任何时候都可以再次进行,这使得链路更加安全。CHAP 不允许连接发起方在没有收到询问消息的情况下进行验证尝试。CHAP 不直接传送密码,只传送一个不可预测的询问消息,以及该询问消息与密码经过 MD5 加密运算后的加密值。所以 CHAP 可以防止再生攻击,其安全性比 PAP 要高。

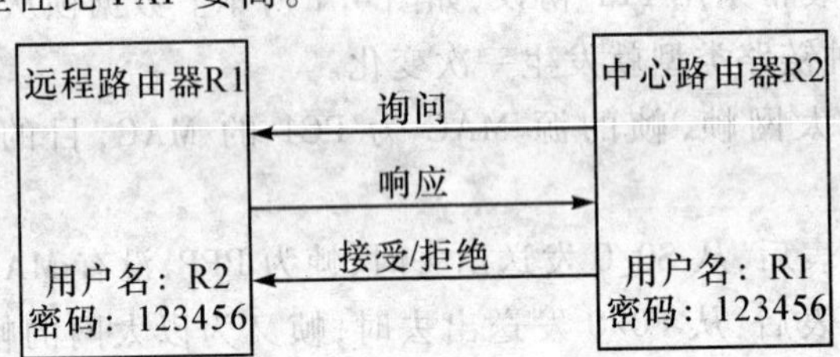

图 4.3 CHAP 3 次握手

4.2 实验 1:HDLC 和 PPP 封装

【实验名称】HDLC 和 PPP 封装。

【实验目的】了解串行链路上的封装概念;HDLC 封装;PPP 封装。

【实验背景】假设你是公司的网络管理员,公司为了满足不断增长的业务要求,申请了专线接入,配置你的客户端路由器保证链路建立。

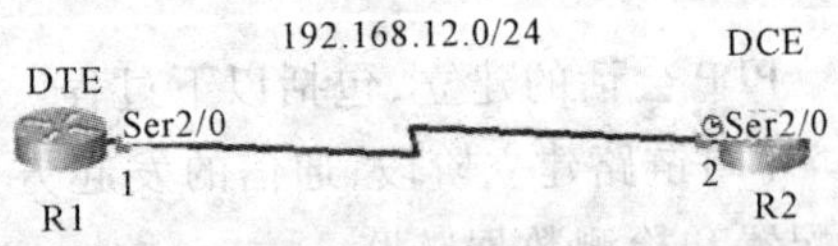

图 4.4 实验 1 拓扑

【实验功能】在路由器的两端实现 PPP 的封装,在一个点到点的链路上建立通信连接。

【实验拓扑】实验拓扑如图 4.4 所示。

【实验设备】锐捷 R1762 或锐捷 R2692(2 台)。

实验步骤如下。

(1)基本配置。在 R1、R2 上配置主机名和 IP 地址,以保证直连链路的连通性。

```
R1762 >enable
R1762#config terminal
Enter configuration commands, one per line. End with CNTL/Z.
R1762(config)#hostname R1                               //配置路由器的主机名。
R1(config)#interface s2/0
R1(config-if)#ip address 192.168.12.1  255.255.255.0    //配置接口地址。
R1(config-if)#no shutdown                               //启用该接口。

R1762 >enable
R1762#config terminal
Enter configuration commands, one per line. End with CNTL/Z.
R1762(config)#hostname R2                               //配置路由器的主机名。
R2(config)#interface s2/0
R2(config-if)#clock rate 128000                         //在 DCE 端配置时钟。
R2(config-if)#ip address 192.168.12.2  255.255.255.0    //配置接口的地址。
R2(config-if)#no shutdown                               //启用该接口。

R1#show interfaces s2/0                                 //查看接口配置。
Serial2/0 is up, line protocol is up (connected)
   Hardware is HD64570
   Internet address is 192.168.12.1/24
   MTU 1500 bytes, BW 128 Kbit, DLY 20000 usec, rely 255/255, load 1/255
   Encapsulation HDLC, loopback not set, keepalive set (10 sec)
   //该接口默认封装为 HDLC。
   (此处省略)
```

(2)改变串行链路两端的接口封装为 PPP。

```
R1(config)#int s2/0
R1(config-if)#encapsulation ppp                //接口下封装 PPP 协议。

R2(config)#int s2/0
R2(config-if)#encapsulation ppp                //接口下封装 PPP 协议。

R1#show interfaces s2/0                        //查看接口的状态。
Serial2/0 is up, line protocol is up (connected)
  Hardware is HD64570
  Internet address is 192.168.12.1/24
  MTU 1500 bytes, BW 128 Kbit, DLY 20000 usec, rely 255/255, load 1/255
  Encapsulation PPP, loopback not set, keepalive set (10 sec)
  //接口封装改为 PPP。
  (此处省略)
```

(3)实验验证:测试 R1 和 R2 串行链路的连通性。如果链路的两端封装相同,则 ping 测试应该正常。

```
R1#ping 192.168.12.2

Type escape sequence to abort.
Sending 5, 100-byte ICMP Echos to 192.168.12.2, timeout is 2 seconds:
!!!!!
Success rate is 100 percent (5/5), round-trip min/avg/max = 31/31/32 ms
```

4.3 实验 2:PAP 认证

【实验名称】PAP 认证。

【实验目的】通过本实验掌握 PAP 认证的配置方法。

【实验背景】假设你是公司的网络管理员,公司为了满足不断增长的业务要求,申请了专线接入,你的客户端路由器与 ISP(Internet Service Provider,因特网服务提供商)进行链路协商时要验证身份(使用 PAP),配置路由器保证链路建立并考虑其安全性。

【实验功能】建立 PPP 链接,并使用 PAP 认证。

【实验拓扑】实验拓扑如图 4.5 所示。

【实验设备】锐捷 R1762 或锐捷 R2692(2 台)。

DTE 192.168.12.0/24 DCE
Ser2/0 Ser2/0
1 2
R1 R2

图 4.5 实验 2 拓扑

在实验 1 的基础上继续本实验,两个路由器的端口都已将封装好 PPP 协议。假设 R1 是远程客户端路由器,R2 是 ISP 中心路由器。

(1)在中心路由器 R2 上,配置 PAP 验证。

```
R2(config-if)#ppp authentication pap
```

(2)中心路由器为远程路由器设置用户名和密码。

```
R2(config)#username R1 password 123456
```

(3)R1 使用正确的用户名和密码,发起 PAP 认证请求。

```
R1(config-if)#ppp pap sent-username R1 password 0 123456
```

> 以上的步骤只是配置了 R1(远程路由器)在 R2(中心路由器)取得验证,即单向验证。然而,实际应用中通常采用双向验证,即 R2 要验证 R1,而 R1 也要验证 R2。我们要采用类似的步骤配置 R1,对 R2 进行验证,这时 R1 为中心路由器,而 R2 为远程路由器。

(4)在中心路由器 R1 上配置 PAP 验证。

```
R1(config-if)#ppp authentication pap
```

(5)在中心路由器 R1 上为远程路由器 R2 设置用户名和密码。

```
R1(config)#username R2 password 654321
```

(6)远程路由器 R2 发起 PAP 认证请求。

```
R2(config-if)#ppp pap sent-username R2 password 0 654321
```

(7)实验验证。

```
R1#debug ppp authentication                //打开 PPP 认证调试。
R1(config)#int s 2/0
R1(config-if)#shutdown
R1(config-if)#no shutdown
//由于 PAP 认证是在连接建立后进行一次,重启接口以便于观察认证过程。

Nov 8 19:45:41 R1 % 7:PPP: ppp_clear_author(), protocol = LCP
Nov 8 19:45:41 R1 % 7:% LINK CHANGED: Interface serial 2/0, changed state to up
Nov 8 19:45:42 R1 % 7:PPP:[O] PAP-REQ id 18 len 10 from "R1"
Nov 8 19:45:42 R1 % 7:PPP: serial 2/0[I] PAP-REQ id 4 len 10
Nov 8 19:45:42 R1 % 7:PPP: Authenticating peer serial 2/0
Nov 8 19:45:42 R1 % 7:PPP: serial 2/0 PAP authentication OK!
Nov 8 19:45:42 R1 % 7:PPP: serial 2/0 [O] PAP SUCCESS id 4 len 1
Nov 8 19:45:42 R1 % 7:PPP: serial 2/0 [I] PAP-ACK id 18 len 1 msg is ""
Nov 8 19:45:42 R1 % 7::PPP: serial 2/0 authentication OK, begin networkphase!
Nov 8 19:45:42 R1 % 7:PPP: ppp_clear_author(), protocol = IPCP
to UP 19: 45: 42 R1 % 7:% LINE PROTOCOL CHANGE: Interface serial 2/ 0,
changed state
```

4.4 实验 3:CHAP 认证

【实验名称】CHAP 认证。

【实验目的】通过本实验掌握 CHAP 认证的配置方法。

【实验背景】假设你是公司的网络管理员,公司为了满足不断增长的业务要求,申请了专线接入,你的客户端路由器与 ISP 进行链路协商时要验证身份(使用 CHAP),配置路由器保证链路建立并考虑其安全性。

【实验功能】建立 PPP 链接,并使用 PAP 认证。

【实验拓扑】实验拓扑如图 4.6 所示。

图 4.6 实验 3 拓扑

【实验设备】锐捷 R1762 或锐捷 R2692(2 台)。

在实验 1 的基础上继续本实验。

(1)为对方配置用户名和密码。

```
R1(config)#username R2 password hello
R2(config)#username R1 password hello
```

在配置时,要求用户名为对方的路由器名,而且双方的密码必须一致。

(2)路由器的两端串口采用 PPP 协议封装,并配置 CHAP 验证。

```
R1(config)#int s2/0
R1(config-if)#encapsulation ppp
R1(config-if)#ppp authentication chap

R2(config)#int s2/0
R2(config-if)#encapsulation ppp
R2(config-if)#ppp authentication chap
```

(3)实验验证。

和实验 2 一样使用"debug ppp authentication"命令查看 PPP 认证过程。

4.5 命令汇总

封装的基本命令如表 4.1 所示。

表 4.1 命令汇总

命令	作用
encapsulation hdlc	把接口封装成 HDLC
encapsulation ppp	把接口封装成 PPP
ppp pap sent-username R1 password 0 123456	PAP 认证时,向对方发送用户名 R1 和密码
ppp authentication pap	PPP 的认证方式为 PAP
username R1 password 123456	为对方创建用户 R1,密码为 123456
debug ppp authentication	打开 PPP 的认证调试过程
ppp authentication chap	PPP 的认证方式为 CHAP

4.6 FAQ

1. 怎样区别 DCE(Data Communications Equipment,数据通信设备)和 DTE(Data Terminal Equipment,数据终端设备)端?

答:串口线两端接头的标签上,有 DCE、DTE 的标识。

2. 怎样知道串口编号?

答:可以在路由器串口上看,一般都有串口编号的标识,若没有,可以在命令行用【?】查看。

3. 实验 1 中,我正确配置了串口的 IP 地址,两个路由器却无法 ping 通,为什么?

答:先通过查看路由器串口灯判断串口线物理上是否连通;然后检查 DCE 端是否已经正确配置了时钟;最后检查两端的封装是否一致。

4. 如何判断路由器是否 ping 通?

答:出现 Success rate is 100 percent。

5. Debug 的时候总是跳出来提示信息 LCP_TYPE 表示什么意思?

答:这说明 PPP 的 LCP 阶段没通过,是配置问题。检查 PPP 以及 PAP 或 CHAP 配置。

6. Debug 如何关闭?

答:no debug ppp authentication

7. 实验 2 PAP 很顺利,但实验 3 CHAP 不成功,如何解决?

答:先确保取消实验 2 中 PAP 的配置。然后检查 CHAP 配置用户名和密码时,是否使用的是对方的路由器名。最后检查 CHAP 配置用户名和密码时,密码是否一致。

8. 若在思科设备或仿真上作这些实验,哪些命令有差异?

答:命令如下。

(1)思科:show interfaces s1/2。

(2)锐捷:show interface s1/2。

(3)思科:ppp pap sent-username R1 password 123456。

(4)锐捷:ppp pap sent-username R1 password 0 123456。

第 5 章

STP

为了减少网络的故障事件,我们经常会采用冗余拓扑。STP(Spanning Tree Protocol,生成树协议)可以让具有冗余结构的网络在故障时自动调整网络的数据转发路径。STP重新收敛时间较长,通常需要30~50秒。RSTP(Rapid Spanning Tree Protocol,快速生成树协议)则在协议上对STP进行了根本性的改进形成新的协议,从而减少收敛时间。STP还有许多改进,如PVST(Per VLAN Spanning Tree,每个VLAN一个生成树)、MST(Multiple Spanning Tree,多生成树)协议等。

5.1 STP 简介

为了增加局域网的冗余性,我们经常会在网络中引入冗余链路,但这会引起交换环路。交换环路会带来3个问题:广播风暴、同一帧的多个拷贝以及交换机CAM表不稳定,STP可以解决这些问题。STP的基本思路是阻断一些交换机接口,构建一棵没有环路的转发树。STP利用BPDU和其他交换机进行通信,从而确定哪个交换机该阻断哪个接口。

RSTP实际上是把减少STP收敛时间的一些措施融合在STP协议中形成新的协议。在RSTP中,接口的角色有:根接口、指定接口、备份接口和替代接口。接口的状态有丢弃、学习和转发状态。接口还分为边界接口、点到点接口和共享接口。

5.2 实验1:STP配置

【实验名称】STP配置。

【实验目的】理解STP的工作原理;掌握STP树的控制。

【实验背景】某学校为了开展计算机教学和网络办公,建立了一个计算机教室和一个校办公区,这两处的计算机网络通过两台交换机互连组成内部校园网,为了提高网络的可靠性,网络管理员用两条链路将交换机互连,现要在交换机上做适当的配置,使网络避免环路。

【实验拓扑】实验拓扑如图 5.1 所示。

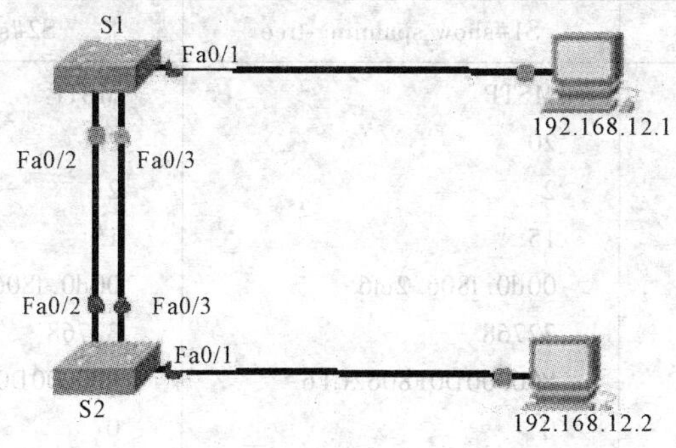

图 5.1 实验拓扑

【实验设备】PC(2 台),锐捷 S2128G 交换机或锐捷 S3760 交换机(2 台)。

实验步骤如下。

(1)按图 5.1 所示配置 PC 的 IP 地址。

> 锐捷交换机的生成树协议不是默认打开的,所以,在没有配置生成树之前,请在交换机之间先连一条线,若连接双链路形成环路,将会导致广播风暴,使运行速度急剧变慢。

(2)开启生成树协议。

```
S1(config)#spanning-tree
S2(config)#spanning-tree
```

> 开启生成树协议以后,可以将交换机之间的另一条链路也连通。

(3)查看生成树协议细节。为对比方便,截取部分关键信息如表 5.1 所示。不同设备的实验结果会有所不同。StpVersion 表示当前运行的默认的生成树协议版本是 MSTP。BridgeAddr 表示的是交换机的 MAC 地址。Priority 表示的是交换机的优先级,默认是 32768。DesignatedRoot 表示的是选举出的根交换机,可以看出,由于两个交换机的优先级相同,S1 交换机的 MAC 地址较小,因此生成树协议选举 S1 作为根交换机。RootPort 表示根端口,对于非根交换机,应该选举产生根端口,如表 5.1 所示,S2 选举它的 Fa0/2 作为它的根端口。

> ● 生成树的协议工作过程:①选举根桥,BID 最小者;②计算自己到根桥距;③选择根端口,距离根桥最近的接口;④选指定端口和非指定端口,非指定端口被阻塞。
>
> ● 生成树协议操作规则:①每个网络只有一个根桥,根桥上的接口都是指定口;②每个非根桥只有一个根端口;③每个段只有一个指定端口,其它接口为非指定口;④指定端口转发数据,非指定端口不转发数据。
>
> ● BID 的组成:桥 ID 是由 2 个字节的优先级加 6 个字节的桥 MAC 地址组成的。

表 5.1 生成树协议部分关键信息

	S1#show spanning-tree	S2#show spanning-tree
StpVersion :	MSTP	MSTP
MaxAge :	20	20
HelloTime :	2	2
ForwardDelay :	15	15
BridgeAddr :	00d0. f806. 2cf6	00d0. f806. 2fe4
Priority :	32768	32768
DesignatedRoot :	800000D0F8062CF6	800000D0F8062CF6
RootCost :	0	0
RootPort :	0	Fa0/2

(4)观察接口状态。如表 5.2 所示,由于 S1 是根交换机,所以两个端口都是指定口,接口状态均为转发状态。S2 是非根交换机,F0/2 是根端口,状态是转发,F0/3 为替换端口,处于阻塞状态。这样,就打破了 S1 与 S2 之间的环路。

表 5.2 接口状态

S1#show spanning-tree interface F0/2	S2#show spanning-tree interface F0/2
观察 PortState forwarding PortRole designatedPort	forwarding rootPort
S1#show spanning-tree interface F0/3 观察 PortState forwarding PortRole designatedPort	S2#show spanning-tree interface F0/3 discarding alternatePort

(5)设置生成树模式为 STP。并通过修改优先级,使 S2 成为根交换机。

```
S1(config)#spanning-tree mode stp
S2(config)#spanning-tree mode stp
S2(config)#spanning-tree priority 4096
```

如表 5.3 所示,STP 协议版本已改成 STP。而且,由于 S2 更改了优先级,所以,虽然 S1 的 MAC 地址较小,但现在 S2 有更小的优先级,因此选举 S2 称为根交换机。

表 5.3 设置生成树模式

	S1#show spanning-tree	S2#show spanning-tree
观察 StpVersion	STP	STP
Priority	32768	4096
DesignatedRoot	10000000D0F8062FE4	10000000D0F8062FE4

(6)测试 STP 的收敛时间。让一台 PC 连续地 ping 另一台 PC,断掉其中正在转发状态的链路,验证 STP 协议能让备用的端口启用,以保障链路的连通性。

```
S1#show spanning-tree interface f0/2
PortState      forwarding
RootRole       rootPort
S1#show spanning-tree interface f0/3
```

```
PortState        discarding
RootRole         disabledPort
```

查看接口状态,发现 S1 的 F0/2 转发而 F0/3 阻塞,现在我们则关闭 F0/2,同时观察 ping 窗口,记录 STP 的收敛时间。

> 连续地 ping,可用“ping 192.168.12.2 -t”命令。ping 不通时会报告“timeout”,默认连续 ping 5 次不通,则报告 timeout,而一次 ping 的时间是 1 秒,因此报告一个 timeout 的时间大约是 5 秒,我们可以通过数 timeout 的数量大致地估算 STP 的收敛时间。
>
> 断掉正在转发状态的链路可以直接拔掉一端的连线,也可以通过命令“shutdown”关闭连线某一端的接口。

再观察接口状态,可以看到,现在 F0/3 启用,变成转发状态了。

```
S1#show spanning-tree interface f0/2
PortState        discarding
RootRole         disabledPort
S1#show spanning-tree interface f0/3
PortState        forwarding
RootRole         rootPort
```

5.3 实验 2:RSTP 配置

【实验名称】RSTP 配置。

【实验目的】通过本实验掌握、熟悉 RSTP 的配置。

【实验背景】某学校为了开展计算机教学和网络办公,建立了一个计算机教室和一个校办公区,这两处的计算机网络通过两台交换机互连组成内部校园网,为了提高网络的可靠性,网络管理员用两条链路将交换机互连,现要在交换机上做适当的配置,使网络避免环路。

【实现功能】使网络在有冗余链路的情况下避免环路的产生,避免广播风暴等。

【实验拓扑】实验拓扑如图 5.2 所示。

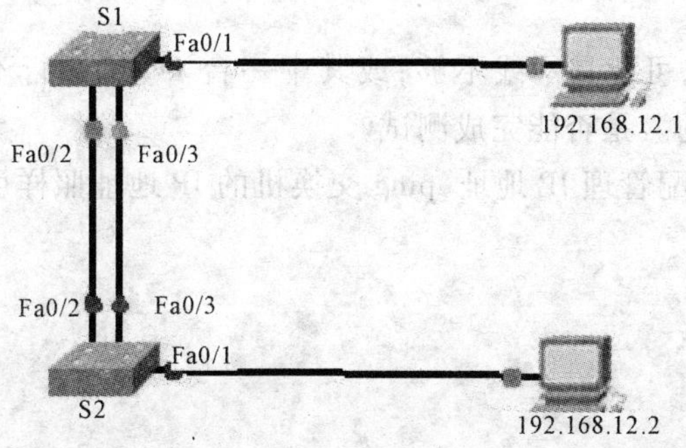

图 5.2　实验拓扑

【实验设备】锐捷 S2128G 交换机或锐捷 S3760 交换机(2 台)。

实验步骤如下。

(1)设置生成树模式为 RSTP。

```
S1(config)#spanning-tree mode RSTP
S2(config)#spanning-tree mode RSTP
```

(2)测试 RSTP 收敛时间,步骤同实验一。

5.4 命令汇总

STP 相关命令如表 5.4 所示。

表 5.4 命令汇总

命 令	作 用
spanning-tree	开启生成树协议
show spanning-tree	查看 STP 树信息
show spanning-tree interface f0/2	查看接口的状态
spanning-tree mode STP	设置生成树模式为 STP
spanning-tree priority 4096	设置优先级
spanning-tree mode RSTP	设置生成树模式为 FSTP

5.5 FAQ

1. 锐捷设备连线完成,没有配置,突然 PC 机很卡,而且无法 ping 通的原因。

答:锐捷的交换机默认生成树协议是没有打开的,所以没做任何配置时,如果交换机之间双链路连接,那立刻会导致环路,就会出现广播风暴,PC 机就变得很卡。所以在开启生成树之前,请确定单链路连接;开启生成树之后,再双链路连接,观察生成树协议如何打破环路的。

2. PC 机资源不足,可能是网线不够,或其中一台 PC 机运行不顺畅,或其中一台 PC 机的网卡或网线有问题。是否能完成测试?

答:可以给交换机配管理 IP 地址,ping 交换机的 IP 地址照样可以测试。

第 6 章

VLAN

交换机不仅仅具有两层交换功能,它还具有 VLAN 等功能。VLAN 技术可以使我们很容易地控制广播域的大小。有了 VLAN,交换机之间的级联链路就需要 Trunk 技术来保证该链路可以同时传输多个 VLAN 的数据。本章重点介绍 VLAN 技术和 Trunk 技术。

6.1 VLAN 简介

VLAN(Virtual LAN,虚拟局域网)是交换机端口的逻辑组合。VLAN 工作在 OSI 的第二层,一个 VLAN 就是一个广播域,VLAN 之间的通信通过第三层的路由器来完成。如图 6.1 所示,公司的销售部、工程部和财务部相互独立,分成三个不同的 VLAN。同一部门之间,即同一 VLAN 间的通信,直接通过交换机实现。不同部门之间,即不同 VLAN 间的通信,则需要三层设备路由器来完成。

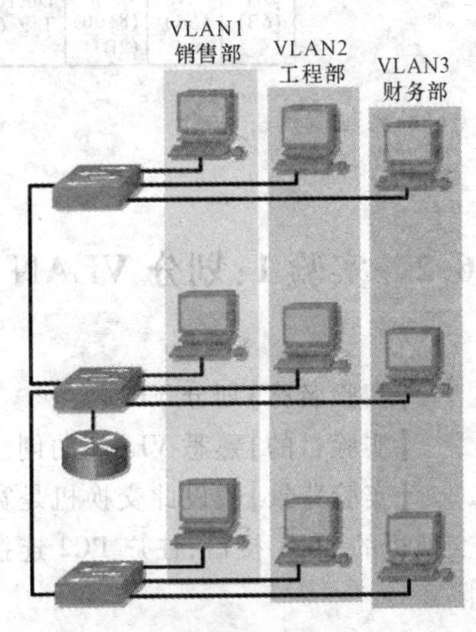

图 6.1 VLAN

VLAN 有以下优点:

(1)控制网络的广播风暴:采用 VLAN 技术,可将某个交换端口划到某个 VLAN 中,而一个 VLAN 的广播风暴不会影响其他 VLAN 的性能。

(2)确保网络安全:共享式局域网之所以很难保证网络的安全性,是因为只要用户插入一个活动端口,就能访问网络。而 VLAN 能限制个别用户的访问,控制广播组的大小和位置,甚至能锁定某台设备的 MAC 地址,因此,VLAN 能确保网络的安全性。

(3)简化网络管理:网络管理员能借助于 VLAN 技术轻松管理整个网络。例如需要为完成某个项目建立一个工作组网络,其成员可能遍及全国或全世界,此时,网络管理员只需设置几条命令,就能在几分钟内建立该项目的 VLAN 网络,其成员使用 VLAN 网络,就像在本地使用局域网一样。

VLAN 的分类主要有以下几种：

(1)基于端口的 VLAN：基于端口的 VLAN 是划分虚拟局域网最简单也是最有效的方法，这实际上是某些交换端口的集合，网络管理员只需要管理和配置交换端口，而不管交换端口连接什么设备。

(2)基于 MAC 地址的 VLAN：由于只有网卡才配有 MAC 地址，因此按 MAC 地址来划分 VLAN 实际上是将某些工作站和服务器划属于某个 VLAN。事实上，该 VLAN 是一些 MAC 地址的集合。当设备移动时，VLAN 能够自动识别。网络管理需要管理和配置设备的 MAC 地址，显然当网络规模很大，设备很多时，会给管理带来难度。

当一个 VLAN 跨过不同的交换机时，在同一 VLAN 上但是却在不同的交换机上的计算机进行通信时需要实现 Trunk。Trunk 技术使得一条物理的线路上可以传送多个 VLAN 的数据。如图 6.1 所示的交换机之间的链路均需设置成 Trunk 链路，因为该链路有可能需要传送 VLAN1、VLAN2、VLAN3 的数据。交换机从属于某一个 VLAN(如 VLAN3)的端口接收到数据，在 Trunk 链路上进行传输前，会加上一个标记，表明该数据是 VLAN3 的；到了对方交换机，交换机把该标记去掉，只发送到属于 VLAN3 的端口上。

802.1Q 是常见的帧标记技术，它在原有帧的源 MAC 地址字段后插入标记字段，同时用新的 FCS 字段替代原有的 FCS 字段，如图 6.2 所示。该技术是国际标准，得到所有厂商的支持。

DA (6B)	SA (6B)	Etype (8100) (2B)	Dot1Q Trunk Tag (2B)	Length/ Etype (2B)	Data (0-1500 Bytes)	FCS (4B)

图 6.2 802.1Q

6.2 实验 1:划分 VLAN

【实验名称】划分 VLAN。

【实验目的】熟悉 VLAN 的创建;把交换机的接口划分到特定的 VLAN。

【实验背景】假设此交换机是宽带小区城域网中的一台楼道交换机，住户 PC1 连接在交换机的 F0/1 接口；住户 PC2 连接在交换机的 F0/2 接口，现在要实现各家各户的端口隔离。

【实验功能】通过划分 VLAN 实验交换机的端口隔离。

【实验拓扑】实验拓扑如图 6.3 所示。

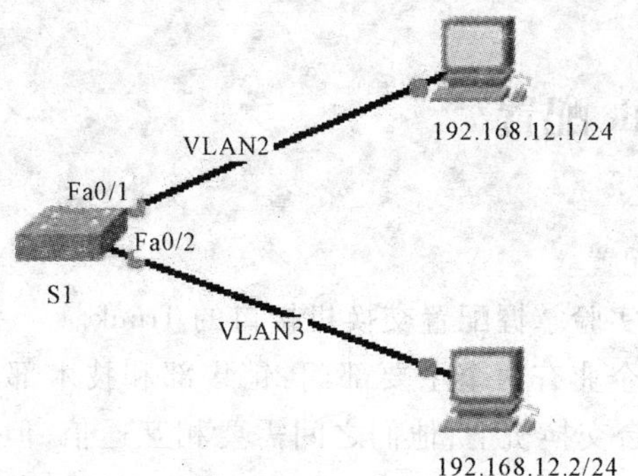

图 6.3 实验 1 拓扑

【实验设备】PC(2 台),锐捷 S2128G 或锐捷 S3760-24(1 台)。

实验步骤如下。

(1)在交换机上创建 VLAN。

```
S1(config)#vlan 2
S1(config-vlan)#exit
S1(config)#vlan 3
S1(config-vlan)#exit
```

(2)把端口划分到 VLAN 中。

```
S1(config)#int f0/1
S1(config-if)#switchport mode access
S1(config-if)#switchport access vlan 2
S1(config)#int f0/2
S1(config-if)#switchport mode access
S1(config-if)#switchport access vlan 3
```

(3)实验验证:查看 VLAN。可见 F0/1 和 F0/2 分属于 VLAN2 和 VLAN3,所以此时,PC1 ping PC2 应该不通了。

```
S1#show vlan
VLAN Name                          Status    Ports
---------------------------------------------------------
--------
  1    VLAN0001                    STATIC    Fa0/3, Fa0/4, Fa0/5, Fa0/6
                                             Fa0/7, Fa0/8, Fa0/9, Fa0/10
                                             Fa0/11, Fa0/12, Fa0/13, Fa0/14
                                             Fa0/15, Fa0/16, Fa0/17, Fa0/18
                                             Fa0/19, Fa0/20, Fa0/21, Fa0/22
                                             Fa0/23, Fa0/24, Gi0/25, Gi0/26
                                             Gi0/27, Gi0/28
  2    VLAN0002                    STATIC    Fa0/1
  3    VLAN0003                    STATIC    Fa0/2
```

6.3 实验2:Trunk配置

【实验名称】Trunk 配置。

【实验目的】通过本实验掌握配置交换机接口的 Trunk。

【实验背景】假设某企业有两个主要部门:销售部和技术部,其中销售部门的个人计算机系统分散连接在两台交换机上,他们之间需要相互通信,但为了安全起见,销售部和技术部需要进行相互隔离,现要在交换机上做适当配置来实现这一目标。

【实验功能】使在同一 VLAN 里的计算机系统能跨交换机进行通信,不同 VLAN 的计算机系统不能进行通信。

【实验拓扑】实验拓扑如图 6.4 所示。

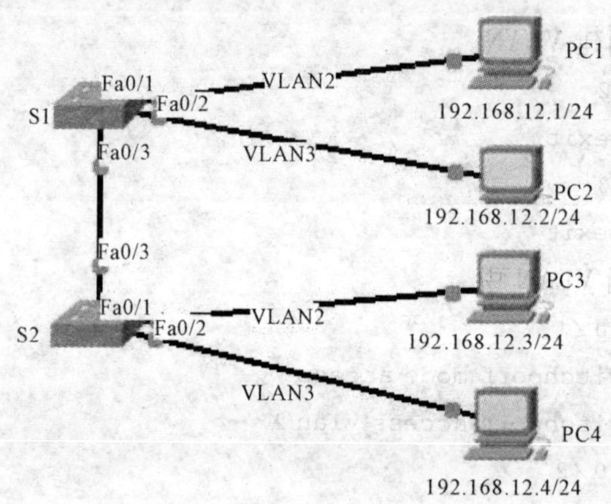

图 6.4 实验 2 拓扑

【实验设备】PC(4 台),锐捷 S2128G 或锐捷 S3760-24(2 台)。

实验步骤如下。

(1)根据实验 1 在 S2 上创建 VLAN,并将端口按拓扑图划分相应的 VLAN 下。

(2)配置 Trunk。

```
S1(config)#int f0/3
S1(config-if)#switchport mode trunk

S2(config)#int f0/3
S2(config-if)#switchport mode trunk
```

(3)实验验证,可以查看 Trunk 链路的状态。

```
S1#show int f0/3 trunk
Interface                    Mode        Native VLAN       VLAN lists
---------------------------------------------------------------
FastEthernet 0/3              On           1                  ALL

S2#show int f0/3 trunk
```

```
Interface                    Mode        Native VLAN       VLAN lists
---------------------------------------------------------------
FastEthernet 0/3              On             1                  ALL
```

可以通过 ping 测试 PC1、PC2、PC3、PC4 之间的连通性，由于 PC1 和 PC3 在同一个 VLAN 上，所以 PC1 可以 ping 通 PC3，PC2 和 PC4 之间也能相互 ping 通。

6.4 命令汇总

VLAN 相关命令如表 6.1 所示。

表 6.1 命令汇总

命　令	作　用
vlan 2	创建 VLAN
switchport access vlan 2	将端口划分到 VLAN2 中
show vlan	查看 VLAN 的信息
switchport mode trunk	把接口配置问 Trunk
show int f0/3 trunk	查看交换机端口的 Trunk 状态

6.5 FAQ

1. 划分 VLAN 时，为什么分别是 VLAN2 和 VLAN3，为什么不用 VLAN1？

答：默认情况下，所有的接口都属于 VLAN1。

2. 为什么实验 2 中同一 VLAN 的 PC 无法 ping 通？

答：可以给交换机的 VLAN 设一个管理地址，先让 PC 去 ping 各自的交换机。若都是通的，那说明是交换机和交换机之间的问题，可能是 Trunk 没设置好；或者是一端设置了 Trunk，而另一端没有。

第 7 章

VLAN 间路由

在交换机上划分 VLAN 后,VLAN 间的计算机就无法通信了。VLAN 间的通信需要借助第 3 层设备,可以使用路由器来实现这个功能,如果使用路由器,通常会采用单臂路由模式。实践上,VLAN 间的路由大多是通过 3 层交换机实现的,3 层交换机可以看成是路由器加交换机,然而因为采用了特殊的技术,其数据处理能力比路由器要大得多。

7.1 VLAN 间路由简介

1. 单臂路由

处于不同 VLAN 的计算机即使它们是在同一交换机上,它们之间的通信也必须使用路由器。可以使每个 VLAN 上都有一个以太网口和路由器连接,如果要实现 *N* 个 VLAN 间的通信,则路由器需要 *N* 个以太网接口,同时也会占用 *N* 个交换上的以太网接口。单臂路由提供另一种解决方案,路由器只需要一个以太网接口和交换机连接,交换机的这个接口设置为 Trunk 接口。在路由器上常见多个子接口和不同的 VLAN 连接,子接口是路由器物理接口上的逻辑接口。工作原理如图 7.1 所示,当交换机收到 VLAN1 的计算机发送的数据帧后,从它的 Trunk 接口发送数据给路由器,由于该链路是 Trunk 链路,帧中带有 VLAN1 的标签,帧到了路由器后,如果数据要转发到 VLAN2 上,路由器将把数据帧的 VLAN1 标签去掉,重新用 VLAN2 的标签进行封装,通过 Trunk 链路发送到交换机上的 Trunk 接口;交换机收到该帧,去掉 VLAN2 标签,发送给 VLAN2 上的计算机,从而实现了 VLAN 间的通信。

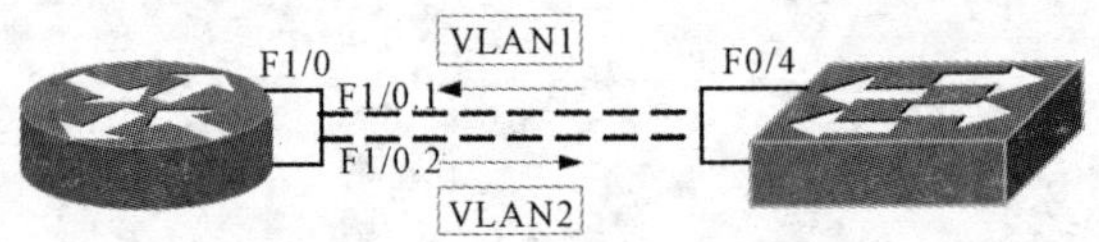

图 7.1　路由器的子接口工作原理

2. 3 层交换

单臂路由实现 VLAN 间的路由时转发速率较慢,实际上,在局域网内部多采用 3 层交换。3 层交换机通常采用硬件来实现,其路由数据包的速率是普通路由器的几十倍。

从使用者的角度,可以把 3 层交换机看成 2 层交换机和路由器的组合,如图 7.2 所示。这个虚拟的路由器和每个 VLAN 都有一个接口进行连接,不过这些接口的名称是 VLAN1 或 VLAN2。交换机利用路由表形成转发信息库(FIB),FIB 和路由表同步。FIB 的查询是硬件化的,其查询速度很快。除了 FIB 外,还有邻接表(Adjacency Table),该表和 ARP 表类似,主要放置了第 2 层的封装信息。FIB 和邻接表都是在数据转发之前就已经建立好了,因此,一有数据要转发,交换机就能直接利用它们进行数据转发和封装,不需要查询路由表和发送 ARP 请求,VLAN 间的路由速率大大提高。

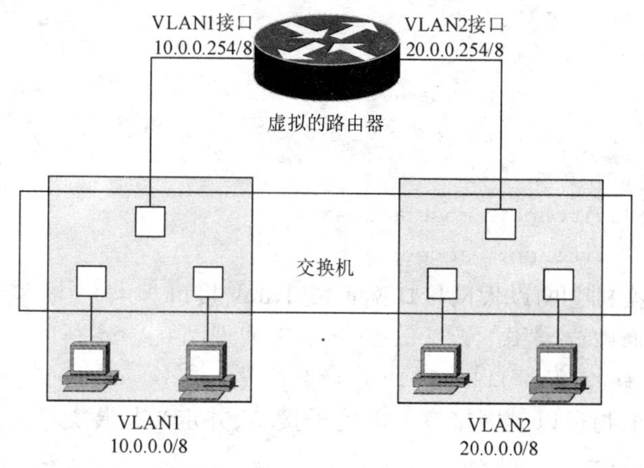

图 7.2　路由器的子接口工作原理

7.2　实验 1:单臂路由实现 VLAN 间通信

【实验名称】单臂路由实现 VLAN 间通信。

【实验目的】掌握路由器以太网接口上的子接口的配置;掌握用单臂路由实现 VLAN 间路由的配置。

【实验背景】假设某企业有两个主要部门:销售部和技术部,两个部门处于不同的 VLAN 上,他们之间需要相互进行通信,通过单臂路由来实现 VLAN 间的通信。

【实现功能】不同 VLAN 能相互进行访问。

【实验拓扑】实验拓扑如图 7.3 所示。

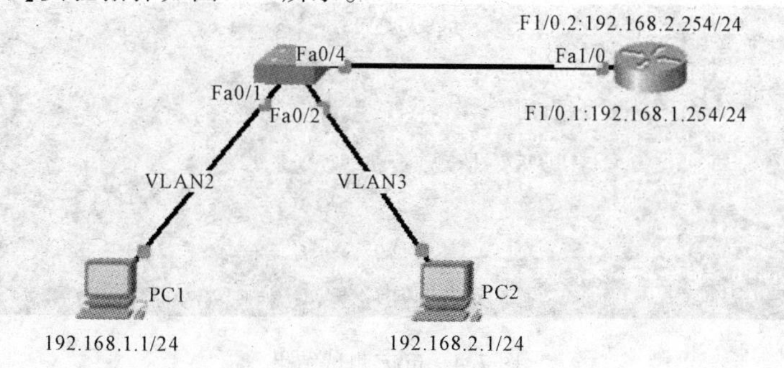

图 7.3　实验 1 拓扑

【实验设备】PC(2 台),锐捷 R2690 或锐捷 R1760(1 台),锐捷 S3760 或锐捷 S2128(1 台)

实验步骤如下。

(1)在 S1 上划分 VLAN。

```
S1(config)#vlan 2
S1(config-vlan)#exit
S1(config)#vlan 3
S1(config-vlan)#exit
S1(config)#interface f0/1
S1(config-if)#switchport mode access
S1(config-if)#switchport access vlan 2
S1(config)#interface f0/2
S1(config-if)#switchport mode access
S1(config-if)#switchport access vlan 3
```

(2)要将把交换机上的以太网接口配置成 Trunk 接口。

```
S1(config)#interface f0/4
S1(config-if)#switchport mode trunk
```

(3)在路由器的物理以太网接口下创建子接口,并定义封装类型。

```
R1(config)#interface f1/0
R1(config-if)#no shutdown
R1(config)#interface f1/0.1
R1(config-subif)#encapsulation dot1Q 2
//以上是定义该子接口承载哪个 VLAN 的流量
R1(config-subif)#ip address 192.168.1.254 255.255.255.0
//在子接口上配置 IP 地址,这个地址就是 VLAN2 的网关
R1(config)#interface f1/0.2
R1(config-subif)#encapsulation dot1Q 3
R1(config-subif)#ip address 192.168.2.254 255.255.255.0
```

(4)实验验证。在 PC1 和 PC2 上配置 IP 地址和默认网关,PC1 的默认网关指向:192.168.1.254,PC2 的默认网关指向:192.168.2.254。测试 PC1 和 PC2 的连通性。结果如图 7.4 所示,PC1 和 PC2 已经能相互通信。

```
C:\Documents and Settings\user>ping 192.168.2.1

Pinging 192.168.2.1 with 32 bytes of data:

Reply from 192.168.2.1: bytes=32 time<1ms TTL=127
Reply from 192.168.2.1: bytes=32 time<1ms TTL=127
Reply from 192.168.2.1: bytes=32 time<1ms TTL=127
Reply from 192.168.2.1: bytes=32 time<1ms TTL=127

Ping statistics for 192.168.2.1:
    Packets: Sent = 4, Received = 4, Lost = 0 (0% loss),
Approximate round trip times in milli-seconds:
    Minimum = 0ms, Maximum = 0ms, Average = 0ms
```

图 7.4 ping 测试结果

> 如果计算机有两块网卡,为避免两块网卡间相互干扰,ping 测试时,应去掉另一网卡上设置的网关。

7.3 实验 2:3 层交换机实现 VLAN 间通信

【实验名称】3 层交换机实现 VLAN 间通信。

【实验目的】理解 3 层交换机的概念;配置 3 层交换机。

【实验背景】两个部门处于不同的 VLAN,但是他们不希望通过路由器来实现 VLAN 间通信,而通过一台 3 层交换机实现 VLAN 间通信。

【实现功能】不同 VLAN 能相互访问。

【实验拓扑】实验拓扑如图 7.5 所示。

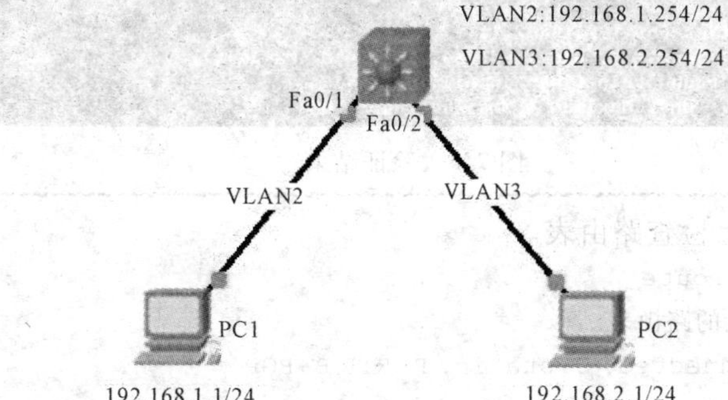

图 7.5 实验 2 拓扑

【实验设备】PC(2 台),锐捷 S3760(1 台)。

【实验步骤】

(1)在 S1 上划分 VLAN。

```
S1(config)#vlan 2
S1(config-vlan)#exit
S1(config)#vlan 3
S1(config-vlan)#exit
S1(config)#interface f0/1
S1(config-if)#switchport mode access
S1(config-if)#switchport access vlan 2
S1(config)#interface f0/2
S1(config-if)#switchport mode access
S1(config-if)#switchport access vlan 3
```

(2)配置 3 层交换机。

```
S1(config)#ip routing
//开启 S1 的路由功能,这时 S1 就启用了 3 层功能。
S1(config)#interface vlan 2
```

```
S1(config-if)#ip address 192.168.1.254  255.255.255.0
S1(config-if)#no shutdown
S1(config)#interface vlan 3
S1(config-if)#ip address 192.168.2.254  255.255.255.0
S1(config-if)#no shutdown
```

//在 VLAN 接口上配置 IP 地址即可,VLAN2 接口上的地址就是 PC1 的网关,VLAN3 接口上的地址就是 PC2 的网关。

(3)实验验证。在 PC1 和 PC2 上配置 IP 地址和网关,PC1 的网关指向:192.168.1.254,PC2 的网关指向:192.168.2.254。测试 PC1 和 PC2 的连通性。结果如图 7.6 所示,不同 VLAN 间已经可以相互通信。

```
C:\Documents and Settings\user>ping 192.168.2.1

Pinging 192.168.2.1 with 32 bytes of data:

Reply from 192.168.2.1: bytes=32 time<1ms TTL=127
Reply from 192.168.2.1: bytes=32 time<1ms TTL=127
Reply from 192.168.2.1: bytes=32 time<1ms TTL=127
Reply from 192.168.2.1: bytes=32 time<1ms TTL=127

Ping statistics for 192.168.2.1:
    Packets: Sent = 4, Received = 4, Lost = 0 (0% loss),
Approximate round trip times in milli-seconds:
    Minimum = 0ms, Maximum = 0ms, Average = 0ms
```

图 7.6 验证结果

(1)可以在 S1 上检查路由表。

```
S1#show ip route
```

//检查 S1 上的路由表。

```
Codes:C-connected, S-static, R-RIP B-BGP
      O-OSPF, IA-OSPF inter area
      N1-OSPF NSSA external type 1, N2-OSPF NSSA external type 2
      E1-OSPF external type 1, E2-OSPF external type 2
      i-IS-IS, L1-IS-IS level-1, L2-IS-IS level-2, ia-IS-IS inter area

      * -candidate default

Gateway of last resort is no set
C    192.168.1.0/24 is directly connected, VLAN 1
C    192.168.1.254/32 is local host.
C    192.168.2.0/24 is directly connected, VLAN 2
C    192.168.2.254/32 is local host.
```

(2)也可以把 F0/1 和 F0/2 接口作为路由接口使用,这时它们与路由器的以太网接口一样了,可以在接口上配置 IP 地址。如果 S1 上的全部以太网接口都这样设置,S1 实际上成为具有 24 个以太网接口的路由器了,这样设置太浪费接口。

```
S1(config)#interface f0/3
S1(config-if)#no switchport
S1(config-if)#ip address 10.1.1.1  255.255.255.0
```

7.4 命令汇总

VLAN 间路由相关命令如表 7.1 所示。

表 7.1 命令汇总

命令	作用
vlan 2	开启 VLAN2
switchport mode access	将端口设为 access 模式
switchport access vlan 2	将端口划分到 VLAN2
switchport mode trunk	将端口设为 Trunk 模式
interface f3/0.1	创建子端口
encapsulation dot1Q 1	指明子接口承载哪个 VLAN 的流量以及封装类型
ip routing	打开路由功能
no switchport	接口不作为交换机接口

7.5 FAQ

1. 在没有配置单臂路由或者 3 层交换机之前,不同 VLAN 的 PC 能相互通信吗?

答:不能。

2. 实验 1 中路由器配置和交换机配置都正确,为什么 PC 之间还是不能 ping 通?

答:检查 PC 的配置是否正确,PC 的默认网关是否设置正确。PC 的另一网卡的默认网关是否删除。若还不行,请分段测试,先让 PC ping 各自的默认网关,看是否能通。由此定位哪段链路出现了问题。

第 8 章

RIP

动态路由协议包括距离向量路由协议和链路状态路由协议。RIP(Routing Information Protocol,路由信息协议)是使用最广泛的距离向量路由协议。这类协议的路由学习及路由更新将产生较大的流量,占用过多的带宽,因此适用于小型网络环境。

8.1 RIP 概述

RIP 是由 Xerox 在 20 世纪 70 年代开发的,最初定义在 RFC1058 中。RIP 用两种数据包传输更新:更新和请求,每个有 RIP 功能的路由器在默认情况下,每隔 30 秒利用 UDP520 端口向与它直连的网络邻居广播(RIPv1)或组播(RIPv2)路由更新。因此,路由器不知道网络的全局情况,如果路由更新在网络上传播慢,将会导致网络收敛较慢,造成路由环路。为了避免路由环路,RIP 采用水平分割、毒性逆转、定义最大跳数、闪式更新和抑制计时 5 个机制来避免路由环路。

RIP 协议分为版本 1 和版本 2。不论版本 1 和版本 2,都具备下面的特征:①是距离向量路由协议;②使用跳数(Hop Count)作为度量值;③默认路由更新周期为 30 秒;④管理距离(AD)为 120;⑤支持触发更新;⑥最大跳数为 15 跳;⑦支持等价路径,默认 4 条,最大 6 条;⑧使用 UDP520 端口进行路由更新。

RIPv1 和 RIPv2 的区别如表 8.1 所示。

表 8.1 RIPv1 和 RIPv2 的区别

RIPv1	RIPv2
在路由更新的过程中不携带子网信息	在路由更新的过程中携带子网信息
不提供认证	提供明文和 MD5 认证
不支持 VLSM 和 CIDR	支持 VLSM 和 CIDR
采用广播更新	采用组播(224.0.0.9)更新
有类别(Classful)路由协议	无类别(Classless)路由协议

8.2 实验 1:RIPv1 的基本配置

【实验目的】在路由器上启动 RIPv1 路由进程;启用参与路由协议的接口;理解路由表的含义;查看和调试 RIPv1 路由协议相关信息。

【实验背景】假设校园网内有 4 台路由器,你是网络管理员,现在要在路由器上配置 RIPv1 路由协议,使整个网络互连互通。

【实验功能】实现网络的互连互通,从而实现信息的共享和传递。

【实验拓扑】实验拓扑如图 8.1 所示。

图 8.1 实验 1 拓扑

【实验设备】路由器(4 台)。

实验步骤如下。

(1)按图 8.1 所示配置各设备接口的 IP 地址,正确配置各串口线 DCE 端的时钟。

(2)配置路由器 R1 的 RIP。

```
R1(config)#router rip                     //启动 RIP 进程。
R1(config-router)#version 1               //配置 RIP 版本 1。
R1(config-router)#network 1.0.0.0 //通告网络。
R1(config-router)#network 192.168.12.0
```

> 注意:RIP 通过网络必须通告主类网络地址,虽然 1.1.1.1/24 对应的网络号是 1.1.1.0,但该地址属于 A 类地址,所以其主类网络地址是 1.0.0.0。

(3)配置路由器 R2 的 RIP。

```
R2(config)#router rip
R2(config-router)#version 1
R2(config-router)#network 192.168.12.0
R2(config-router)#network 192.168.23.0
```

(4)配置路由器 R3 的 RIP。

```
R3(config)#router rip
R3(config-router)#version 1
R3(config-router)#network 192.168.23.0
R3(config-router)#network 192.168.34.0
```

(5)配置路由器 R4 的 RIP。

```
R4(config)#router rip
R4(config-router)#version 1
```

```
R4(config-router)#network 192.168.34.0
R4(config-router)#network 4.0.0.0
```

(6)实验验证,用命令查看路由表,查看是否已经生成了完整的路由表。

```
R1#show ip route
Codes:C-connected, S-static, I-IGRP, R-RIP, M-mobile, B-BGP
      D-EIGRP, EX-EIGRP external, O-OSPF, IA-OSPF inter area
      N1-OSPF NSSA external type 1, N2-OSPF NSSA external type 2
      E1-OSPF external type 1, E2-OSPF external type 2, E-EGP
      i-IS-IS, L1-IS-IS level-1, L2-IS-IS level-2, ia-IS-IS inter area
      *-candidate default, U-per-user static route, o-ODR
      P-periodic downloaded static route

Gateway of last resort is not set

      1.0.0.0/24 is subnetted, 1 subnets
C     1.1.1.0 is directly connected, Loopback0
C     192.168.12.0/24 is directly connected, Serial0/3/0
R     4.0.0.0/8 [120/3] via 192.168.12.2, 00:00:06, Serial0/3/0
R     192.168.23.0/24 [120/1] via 192.168.12.2, 00:00:06, Serial0/3/0
R     192.168.34.0/24 [120/2] via 192.168.12.2, 00:00:06, Serial0/3/0
```

以上输出表明路由器 R1 有两条直连路由(C 开头),并学习了 3 条 RIP 路由(R 开头)。图 8.1 实验拓扑有 5 个子网,说明 R1 已经生成了完整的路由表。

以“R 4.0.0.0/8 [120/3] via 192.168.12.2, 00:00:06, Serial0/3/0”为例,说明路由条目各个字段的含义。

- R:路由条目是通过 RIP 路由协议学习来的。
- 4.0.0.0/8:目的网络。
- 120:RIP 路由协议的默认管理距离。
- 3:度量值,从路由器 R1 到达网络 4.0.0.0/8 的度量值为 3 跳。
- 192.168.12.2:下一跳地址。
- 00:00:06:距离下一次更新还有 24(30 - 6)秒。
- Serial0/3/0:接收该路由条目的本路由器的接口。

通过路由条目“R 4.0.0.0/8 [120/3] via 192.168.12.2, 00:00:06, Serial0/3/0”,可以看出,RIPv1 确实不传递子网信息。

各路由器均形成完整路由表后,可用 ping 测试整个网络的互通性。

8.3 实验 2:RIPv2 基本配置

【实验目的】在路由器上启动 RIPv2 路由进程;启用参与路由协议的接口,并通告网络;查看和调试 RIPv2 路由协议相关信息。

【实验背景】假设校园网内有 4 台路由器,你是网络管理员,现在要在路由器上配置 RIPv2 路由协议,使整个网络互联互通。

【实验功能】实现网络的互联互通,从而实现信息的共享和传递。

【实验拓扑】实验拓扑如图 8.2 所示。

图 8.2 实验 2 拓扑

【实验设备】路由器(4 台)。

实验步骤如下。

(1)按图 8.2 所示配置各设备接口的 IP 地址,正确配置各串口线 DCE 端的时钟。

(2)配置路由器 R1 的 RIP。

```
R1(config)#router rip
R1(config-router)#version 2
R1(config-router)#no auto-summary
R1(config-router)#network 1.0.0.0
R1(config-router)#network 192.168.12.0
```

(3)配置路由器 R2 的 RIP。

```
R2(config)#router rip
R2(config-router)#version 2
R2(config-router)#no auto-summary
R2(config-router)#network 192.168.12.0
R2(config-router)#network 192.168.23.0
```

(4)配置路由器 R3 的 RIP。

```
R3(config)#router rip
R3(config-router)#version 2
R3(config-router)#no auto-summary
R3(config-router)#network 192.168.23.0
R3(config-router)#network 192.168.34.0
```

(5)配置路由器 R4 的 RIP。

```
R4(config)#router rip
R4(config-router)#version 2
R4(config-router)#no auto-summary
R4(config-router)#network 192.168.34.0
R4(config-router)#network 4.0.0.0
```

(6)实验验证,用命令查看路由表,查看是否已经生成了完整的路由表。

```
R1#show ip route
Codes:C-connected, S-static, I-IGRP, R-RIP, M-mobile, B-BGP
```

```
        D-EIGRP, EX-EIGRP external, O-OSPF, IA-OSPF inter area
        N1-OSPF NSSA external type 1, N2-OSPF NSSA external type 2
        E1-OSPF external type 1, E2-OSPF external type 2, E-EGP
        i-IS-IS, L1-IS-IS level-1, L2-IS-IS level-2, ia-IS-IS inter area
        * -candidate default, U-per-user static route, o-ODR
        P-periodic downloaded static route

Gateway of last resort is not set

        1.0.0.0/24 is subnetted, 1 subnets
C       1.1.1.0 is directly connected, Loopback0
        4.0.0.0/24 is subnetted, 1 subnets
C       192.168.12.0/24 is directly connected, Serial0/3/0
R       4.4.4.0 [120/3] via 192.168.12.2, 00:00:05, Serial0/3/0
R       192.168.23.0/24 [120/1] via 192.168.12.2, 00:00:05, Serial0/3/0
R       192.168.34.0/24 [120/2] via 192.168.12.2, 00:00:05, Serial0/3/0
```

8.4 命令汇总

RIP 相关命令见表 8.2。

表 8.2 命令汇总

命 令	作 用
show ip route	查看路由表
show ip protocols	查看 IP 路由协议配置和统计信息
router rip	启动 RIP 进程
network	通告网络
version	定义 RIP 版本
no auto-summary	关闭自动汇总

8.5 FAQ

1. 什么是 A、B、C 类地址？

答：A 类地址第 1 字节为网络地址，其他 3 个字节为主机地址。第 1 个字节的最高位固定为 0。A 类地址范围为 1.0.0.1—126.255.255.254。A 类地址默认子网掩码为 255.0.0.0，如 1.1.1.1。

B 类地址第 1 字节和第 2 字节为网络地址，其他 2 个字节为主机地址。第 1 个字节的前两位固定为 10。B 类地址范围为 128.0.0.1—191.255.255.254，B 类地址默认子网掩码为 255.255.0.0,如,172.16.1.1。

C 类地址第 1 字节、第 2 字节和第 3 个字节为网络地址,第 4 个个字节为主机地址。第 1 个字节的前三位固定为 110。C 类地址范围为 192.0.0.1—223.255.255.254,C 类地址默认子网掩码为 255.255.255.0,如,192.168.12.1。

2. 什么是 VLSM?

答:VLSM(Variable Length Subnet Mask,可变长子网掩码)提供了一个主类(A 类、B 类、C 类)网络内包含多个子网掩码的能力,可以对一个子网再进行子网划分。例:假设有一个子网地址为 192.168.1.32/27,该子网共包含 30 个可用的 IP 地址。如果需要给一个只有 6 台主机的网络分配地址,我们可能会浪费余下的 20 多个地址。解决的方法是在原有的基础上进一步对地址 192.168.1.32/27 划分子网,以得到更多的子网地址和每个网络上较少的主机数目。

3. 什么是 CIDR?

答:CIDR(Classless Inter-Domain Routing,无类别域间路由)是用于帮助减缓 IP 地址耗尽和路由表增大问题的一项技术。CIDR 的理念是多个 C 类地址块可以被组合或聚合在一起以生成更大的无类别 IP 地址集。例:假设有一个 C 类地址为 192.168.8.0—192.168.15.0,通过 CIDR 技术归纳后可表示为 192.168.8.0/21。

4. VLSM 和 CIDR 有什么区别?

答:都是为节约 IP 地址而设计的,区别如下:①VLSM 是把一个标准网络分成几个小型网络(子网);②CIDR 是把几个标准网络合成一个大的网络;③CIDR 是子网掩码往左边移了,VLSM 是子网掩码往右边移了。

5. 如何配置环回端口的 IP 地址?

答:
```
interface loopback 0
ip address 1.1.1.1 255.255.255.0
no shutdown
```

6. 为何没有生成完整的路由条目?

答:因为路由器没有正确配置。依次仔细检查下列项目:IP 地址;通告网络,即用 show run 来检查配置命令是否正确。若一切都对,请将路由器电源关闭后重启。

第 9 章 OSPF

OSPF(Open Shortest Path First,开放最短链路优先)路由协议是典型的链路状态路由协议。OSPF 由 IETF 在 20 世纪 80 年代末期开发,是 SPF 类路由协议中的开放式版本。最初的 OSPF 规范体现在 RFC 1131 中,被称为 OSPF 版本 1,但很快被新版本替代,这个新版本体现在 RFC 1247 文档中。RFC 1247 被称为 OSPF 版本 2,是为了明确指出其在稳定性和功能性方面的实质性改进。这个 OSPF 版本有许多更新文档,每一个更新都是对开放标准的精心改进。接下来的一些规范出现在 RFC 1583 和 RFC 2328 中。OSPF 版本 2 的最新版体现在 RFC 2328 中。而 OSPF 版本 3 是关于 IPv6 的。

9.1 OSPF 概述

OSPF 作为一种内部网关协议(Interior Gateway Protocol,IGP),用于在同一个自治系统(AS)中的路由器之间交换路由信息。OSPF 的特性如下:①可适应大规模网络;②收敛速度快;③无路由环路;④支持 VLSM 和 CIDR;⑤支持等价路由;⑥支持区域划分,构成结构化的网络;⑦提供路由分级管理;⑧支持简单口令和 MD5 认证;⑨以组播方式传送协议报文;⑩OSPF 路由协议的管理距离是 110;⑪OSPF 路由协议采用 cost 作为度量标准;⑫OSPF维护邻居表、拓扑表和路由表。

另外,OSPF 将网络划分为 4 种类型:广播多路访问型(BMA)、非广播多路访问型(NBMA)、点对点型(Point-to-Point)和点对多点型(Point-to-Multipoint)。不同的二层链路的类型需要 OSPF 不同的网络类型来适应。

下面的几个术语是学习 OSPF 要掌握的。

(1)链路:链路就是路由器用来连接网络的接口。

(2)链路状态:用来描述路由器接口及其邻居路由器的关系,所有链路状态信息构成链路状态数据库。

(3)区域:有相同区域标志的一组路由器和网络的集合,在同一个区域内的路由器有相同的链路状态数据库。

(4)自治系统:采用同一种路由协议交换路由信息的路由器及其网络构成一个自治

系统。

(5)链路状态通告(LSA):LSA 用来描述路由器的本地状态,LSA 包括的信息有路由器接口的状态和所形成的邻接状态。

(6)最短路径优先(SPF)算法:是 OSPF 路由协议的基础,SPF 算法有时也被称为Dijkstra算法,这是因为最短路径优先算法(SPF)是由 Dijkstra 发明的,OSPF 路由器利用SPF,独立地计算出到达任意目的地的最佳路由。在一个大型 OSPF 网络中,SPF 算法的反复计算、庞大的路由表和拓扑表的维护以及 LSA 的泛洪等都会占用路由器的资源,因而会降低路由器的运行效率。OSPF 协议可以利用区域的概念来减小这些不利的影响。因为在一个区域内的路由器将不需要了解它们所在区域外的拓扑细节。OSPF 多区域的拓扑结构有如下的优势:①降低 SPF 计算频率;②减小路由表;③降低了通告 LSA 的开销;④将不稳定限制在特定的区域。

(7)多区域 OSPF 路由器类型:当一个 AS 划分为几个 OSPF 区域时,根据一个路由器在相应的区域之内的作用,可以将 OSPF 路由器作如下分类,如图 9.1 所示。

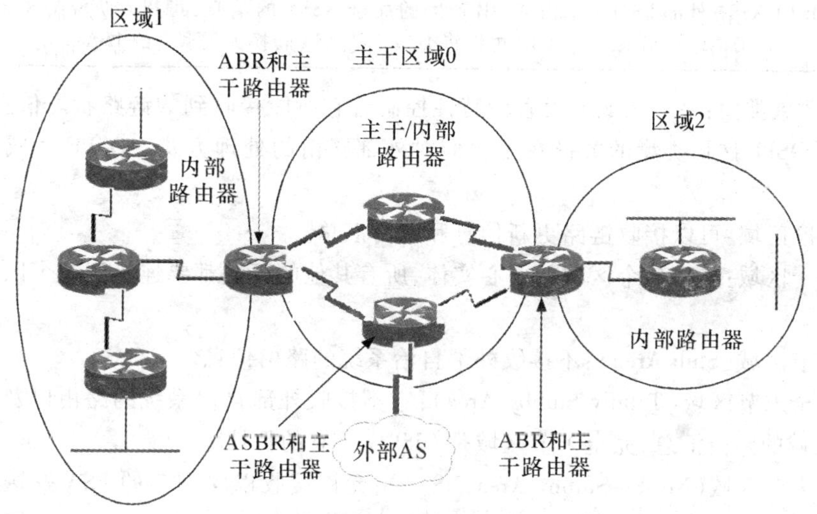

图 9.1　OSPF 路由器类型

- 内部路由器:OSPF 路由器上所有直连的链路都处于用一个区域。
- 主干路由器:具有连接区域 0 接口的路由器。
- 区域边界路由器(ABR):路由器和多个区域相连。
- 自治系统边界路由器(ASBR):与 AS 外部的路由器相连并互相交换路由信息。

(8)LSA 类型:一台路由器中所有有效的 LSA 通告都被存放在它的链路状态数据库中,正确的 LAS 通告可以描述一个 OSPF 区域的网络拓扑结构。常见的 LSA 有 6 类,相应的描述如表 9.1 所示。

表 9.1 常见的 LSA

类型代码	名称及路由代码	描述
1	路由器 LSA (O)	所有的 OSPF 路由器都会产生这种数据包,用于描述路由器上连接到某一个区域的链路或某一接口的状态信息。该 LSA 只会在某一个特定的区域内扩散,而不会扩散至其他区域
2	网络 LSA (O)	由 DR 产生,只会在包含 DR 所处的广播网络的区域中扩散,不会扩散至其他区域
3	网络汇总 LSA (O IA)	由 ABR 产生,描述 ABR 和某个本地区域的内部路由器之间的链路信息,这些条目通过主干区域被扩散到其他 ABR
4	ASBR 汇总 LSA (O IA)	由 ABR 产生,描述 ASBR 的可达性,由主干区域发送到其他 ABR
5	外部 LSA (O E1 或 E2)	由 ASBR 产生,含有关于自治系统外的链路信息
7	NSSA 外部 LSA (O N1 或 N2)	由 ASBR 产生的关于 NSSA 的信息,可以在 NSSA 区域内扩散,ABR 可以将类型 7 的 LSA 转换为类型 5 的 LSA

(9)区域类型:一个区域所设置的特性控制着它所能接收到的链路状态信息的类型。区分不同 OSPF 区域类型的关键在于它们对外部路由的处理方式。OSPF 区域类型如下所述。

- 标准区域:可以接收链路更新信息和路由汇总。
- 主干区域:连接各个区域的中心实体,所有其他的区域都要连接到这个区域上交换路由信息。
- 末节区域(Stub Area):不接收外部自治系统的路由信息。
- 完全末节区域(Totally Stubby Area):它不接收外部自治系统的路由以及自治系统内其他区域的路由汇总,完全末节区域是 CISCO 专有的特性。
- 次末节区域(Not-So-Stubby Area,NSSA):允许接收以类型 7 的 LSA 发送的外部路由信息,并且 ABR 要负责把类型 7 的 LSA 转换成类型 5 的 LSA。

9.2 实验 1:单区域 OSPF

【实验名称】单区域 OSPF。

【实验目的】在路由器上启动 OSPF 路由进程;启用参与路由协议的接口,并且通告网络及所在的区域;查看和调试 OSPF 路由协议相关信息。

【实验背景】你是某集成商的高级技术支持工程师,现在为某企业设计一个网络骨干结构,选择使用 OSPF 路由协议来构建。

【实现功能】构建 OSPF 骨干区域,为网络拓展打基础。

【实验拓扑】实验拓扑如图 9.3 所示。

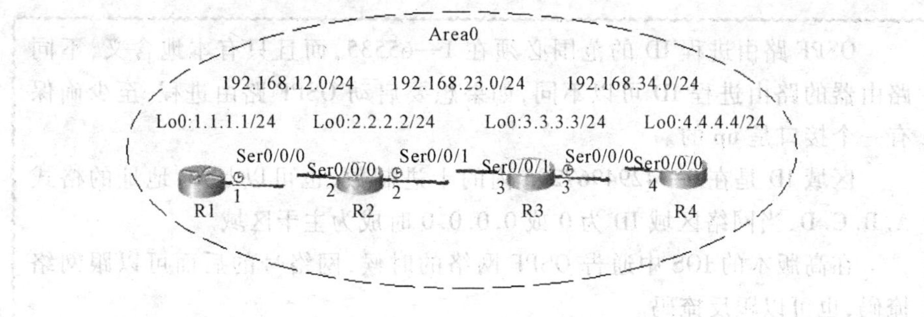

图 9.3 实验 1 拓扑

实验步骤如下。

(1)配置路由器 R1。

```
R1(config)#router ospf 1
R1(config-router)#router-id 1.1.1.1
R1(config-router)#network 1.1.1.0 255.255.255.0 area 0
R1(config-router)#network 192.168.12.0 255.255.255.0 area 0
```

(2)配置路由器 R2。

```
R2(config)#router ospf 1
R2(config-router)#router-id 2.2.2.2
R2(config-router)#network 192.168.12.0 255.255.255.0 area 0
R2(config-router)#network 192.168.23.0 255.255.255.0 area 0
R2(config-router)#network 2.2.2.0 255.255.255.0 area 0
```

(3)配置路由器 R3。

```
R3(config)#router ospf 1
R3(config-router)#router-id 3.3.3.3
R3(config-router)#network 192.168.23.0 255.255.255.0 area 0
R3(config-router)#network 192.168.34.0 255.255.255.0 area 0
R3(config-router)#network 3.3.3.0 255.255.255.0 area 0
```

(4)配置路由器 R4。

```
R4(config)#router ospf 1
R4(config-router)#router-id 4.4.4.4
R4(config-router)#network 4.4.4.0 0.0.0.255 area 0
R4(config-router)#network 192.168.34.0 0.0.0.255 area 0
```

OSPF 路由进程 ID 的范围必须在 1—65535,而且只有本地含义,不同路由器的路由进程 ID 可以不同,如果想要启动 OSPF 路由进程,至少确保有一个接口是 up 的。

区域 ID 是在 0—4294967295 内的十进制数,也可以是 IP 地址的格式 A. B. C. D,当网络区域 ID 为 0 或 0.0.0.0 时成为主干区域。

在高版本的 IOS 中通告 OSPF 网络的时候,网络号的后面可以跟网络掩码,也可以跟反掩码。

确定 Router ID 遵循如下顺序:①最优先的是在 OSPF 进程中用命令 "router-id" 指定了路由器 ID;②如果没有在 OSPF 进程中指定路由器 ID,那么选择 IP 地址最大的环回接口的 IP 地址为 Router ID;③如果没有环回接口,就选择最大活动的物理接口的 IP 地址为 Router ID。建议使用命令 "router-id" 来指定路由器 ID,这样可控性比较好。

(5)实验验证。运行路由协议之后,每个路由器上均会生成路由表。以 R2 为例,可以用 show ip route 命令来查看路由表。R2 总共有 7 条路由,其中 3 条是直连的,未运行 OSPF 前就有,另 4 条是 OSPF 协议生成的。整个网络共 7 个子网,全部参与 OSPF 协议,因此,路由器 R2 上生成的路由表是完整的,这表明实验成功。此时,路由器之间的任何 ping 测试都应该是通的。生成完整的路由保证了整个网络的连通性。

```
R2#show ip route
.....
Gateway of last resort is not set
        1.0.0.0/32 is subnetted, 1 subnets
O          1.1.1.1 [110/65] via 192.168.12.1, 00:04:37, Serial0/0/0
        2.0.0.0/24 is subnetted, 1 subnets
C          2.2.2.0 is directly connected, Loopback0
        3.0.0.0/32 is subnetted, 1 subnets
O          3.3.3.3 [110/65] via 192.168.23.3, 00:04:37, Serial0/0/1
        4.0.0.0/32 is subnetted, 1 subnets
O          4.4.4.4 [110/129] via 192.168.23.3, 00:04:37, Serial0/0/1
C       192.168.12.0/24 is directly connected, Serial0/0/0
C       192.168.23.0/24 is directly connected, Serial0/0/1
O       192.168.34.0/24 [110/128] via 192.168.23.3, 00:04:37, Serial0/0/1
```

以上输出表明路由器 R2 学到了 4 条 OSPF 路由,其中路由条目"O 192.168.34.0/24 [110/128] via 192.168.23.3, 00:04:37, Serial 0/0/1"的含义如下:

- O:路由条目是通过 OSPF 路由协议学习来的。
- 192.168.34.0/24:目的网络。

- 110:OSPF 路由协议的默认管理距离。
- 128:度量值(COST)。
- 192.168.23.3:下一跳地址。
- 00:04:37:可计算出距离下一次更新所需的时间。
- Serial 0/0/1:接收该路由条目的本路由器的接口。

度量值(COST)计算公式为 10^8/bps,然后取整,而且是所有链路入口的 COST 之和,环回接口的 COST 为 1,路由条目"4.4.4.4"到路由器 R2 经过的入接口包括路由器 R4 的 loopback0,路由器 R3 的 s0/0/0,路由器 R2 的 s0/0/1。假设带宽为 128000(仿真上面的带宽未知),计算如下:$1 + 10^8/128000 + 10^8/128000 = 1563$。也可以直接通过命令"ip ospf cost"设置接口的 COST 值,并且它是优先计算的 COST 值。

除了 show ip route 外还有一些有用的命令:show ip protocols(输出协议信息),show ip ospf(输出 OSPF 进程及区域的细节,如路由器运行 SPF 算法的次数等),show ip ospf interface(输出接口信息),show ip ospf neighbor(输出路由器的邻居信息),show ip ospf database(输出路由器区域的拓扑结构数据库信息)

9.3 实验 2:多区域 OSPF

【实验名称】多区域 OSPF。

【实验目的】在路由器上启动 OSPF 路由进程;启用参与路由协议的接口,并且通告网络及所在的区域;查看和调试 OSPF 路由协议相关信息。

【实验背景】你是某集成商的高级技术支持工程师,使用 OSPF 路由协议来构建某企业的网络。

【实现功能】构建 OSPF 多个区域连接在骨干网络上。

【实验拓扑】实验拓扑如图 9.4 所示。

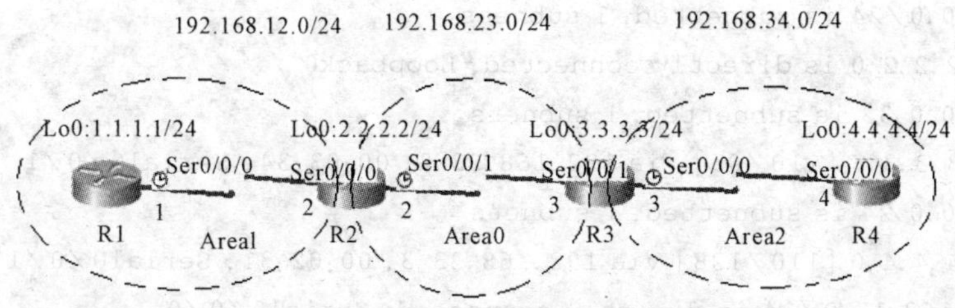

图 9.4 实验 2 拓扑

实验步骤如下。

(1)配置路由器 R1。

```
R1(config)#router ospf 1
R1(config-router)#router-id 1.1.1.1
R1(config-router)#network 1.1.1.0 255.255.255.0 area 1
R1(config-router)#network 192.168.12.0 255.255.255.0 area 1
```

(2)配置路由器 R2。

```
R2(config)#router ospf 1
R2(config-router)#router-id 2.2.2.2
R2(config-router)#network 192.168.12.0 255.255.255.0 area 1
R2(config-router)#network 192.168.23.0 255.255.255.0 area 0
R2(config-router)#network 2.2.2.0 255.255.255.0 area 0
```

(3)配置路由器 R3。

```
R3(config)#router ospf 1
R3(config-router)#router-id 3.3.3.3
R3(config-router)#network 192.168.23.0 255.255.255.0 area 0
R3(config-router)#network 192.168.34.0 255.255.255.0 area 2
R3(config-router)#network 3.3.3.0 255.255.255.0 area 0
```

(4)配置路由器 R4。

```
R4(config)#router ospf 1
R4(config-router)#router-id 4.4.4.4
R4(config-router)#network 192.168.34.0 0.0.0.255 area 2
R4(config-router)#redistribute connected subnets
```

//将直连路由重分布到 OSPF 网络。

(5)实验调试。

```
R2#show ip route
.....
Gateway of last resort is not set

     1.0.0.0/32 is subnetted, 1 subnets
O        1.1.1.1[110/65] via 192.168.12.1, 00:00:01, Serial0/0/0
     2.0.0.0/24 is subnetted, 1 subnets
C        2.2.2.0 is directly connected, Loopback0
     3.0.0.0/32 is subnetted, 1 subnets
O        3.3.3.3 [110/65] via 192.168.23.3, 00:03:34, Serial0/0/1
     4.0.0.0/24 is subnetted, 1 subnets
O E2     4.4.4.0 [110/128] via 192.168.23.3, 00:02:31, Serial0/0/1
C    192.168.12.0/24 is directly connected, Serial0/0/0
C    192.168.23.0/24 is directly connected, Serial0/0/1
O IA 192.168.34.0/24 [110/128] via 192.168.23.3, 00:03:24, Serial0/0/1
```

//以上输出表明路由器 R2 的路由表中既有区域内的路由"1.1.1.0"和"3.3.3.0",又有区域间的路由"192.168.34.0",还有外部区域的路由"4.4.4.0",这就是在 R4 上用重分布构造自治系统外的路由的原因。

- OSPF 的外部路由分为类型 1(在路由表中用代码"E1"表示)和类型 2(在路由表中用代码"E2"表示),它们计算外部路由度量值的方式不同:①类型 1(E1)——外部路径成本 + 数据包在 OSPF 网络所经过各链路成本;②类型 2(E2)——外部路径成本,即ASBR上的默认设置。
- OSPF 的内部路由分为类型 1(在路由表中无显示)和类型 2(在路由表中用代码"IA"表示):①类型 1——表示该目的地址与当前路由器处于同一个区域;②类型 2——表示该目的地址与当前路由器处于不同区域。

9.4 命令汇总

OSPF 相关命令如表 9.2 所示。

表 9.2 命令汇总

命令	作用
route ospf 1	进入路由配置模式
router-id 1.1.1.1	指定路由器 ID
network 1.1.1.0 255.255.255.0 area 0	声明网段和区域
show ip route	查看路由表
show ip ospf	查看 OSPF 进程及其细节

9.5 FAQ

1. 为什么没有生成相应的路由条目?

答:路由器没有正确配置。检查 IP 地址、通告网络,用 show running-config 来检查配置命令是否正确。

2. 为什么检查配置都正确,但多区域 OSPF 实验 R1 的路由只有两条?

答:先用 copy running-config startup-config 保存配置文件,然后用 reload 重启。

3. 多区域 OSPF 实验中,redistribute connected subnets 似乎不管用,R1 上没有到 4.4.4.0 的路由?

答:路由器型号问题,如选用锐捷 R2621 不行,选用锐捷 R1841 就可以。

第10章 ACL

随着大规模开放式网络的开发,网络面临的威胁也就越来越多。网络安全问题成为网络管理员最为头疼的问题。一方面,为了业务的发展,必须允许对网络资源的开发访问;另一方面,又必须确保数据和资源的尽可能安全。网络安全采用的技术很多,而通过访问 ACL(Accessing Control List,控制列表)可以对数据流进行过滤,是实现基本的网络安全手段之一。

10.1 ACL 概述

ACL 使用包过滤技术,在路由器上读取第三层以及第四层包头中的信息,如源地址、目的地址、源端口和目的端口等,根据预先定义好的规则对包进行过滤,从而达到访问控制的目的。

ACL 可分为标准 ACL 和扩展 ACL,区别见表 10.1。标准 ACL 最简单,是通过使用 IP 包中的源 IP 地址进行过滤,表号范围是 1—99 或 1300—1999。扩展 ACL 比标准 ACL 具有更多的匹配项,功能更加强大和细化,可以针对包括协议类型、源地址、目的地址、源端口、目的端口和 TCP 链接建立等进行过滤,表号范围 100—199 或 2000—2699。

表 10.1 标准 ACL 和扩展 ACL 的区别

标准 ACL	扩展 ACL
过滤基于源	过滤基于源和目的
允许或拒绝整个协议族	允许或拒绝特定的 IP 协议或端口
范围(1—99,1300—1999)	范围(100—199,2000—2699)
应用时应尽量靠近目的	应用时应尽量靠近源

另外,ACL 可以用编号来定义,也可以以列表名称来定义,分别称为编号 ACL 和命名 ACL。

10.2 实验1:标准 ACL

【实验名称】标准 ACL。

【实验目的】掌握 ACL 设计原则和工作过程;定义标准 ACL;应用 ACL;标准 ACL 调试。

【实验背景】你是一个公司的管理员,公司的经理部门、财务部门和销售部门分属不同的三个网段。三部门之间用路由器进行信息传递,为了安全起见,公司领导要求销售部门不能对财务部门进行访问,但经理部门可以对财务部门进行访问。

【实现功能】实现网段间互相访问的安全控制。

【实验拓扑】实验拓扑如图 10.1 所示。

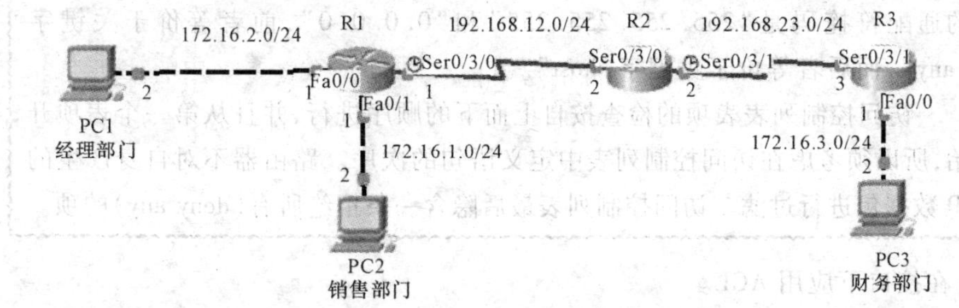

图 10.1 实验 1 拓扑

本实验拒绝 PC2 所在网段访问 PC3。整个网络配置 RIPv2 保证 IP 的连通性。

【实验设备】PC(3 台),路由器(3 台)。

实验步骤如下。

(1)按图 10.1 所示配置各接口 IP 地址,各串行链路时钟。

(2)配置路由器 R1 的 RIP。

```
R1(config)#router rip
R1(config-router)#version 2
R1(config-router)#no auto-summary
R1(config-router)#network 172.16.2.0
R1(config-router)#network 172.16.1.0
R1(config-router)#network 192.168.12.0
```

(3)配置路由器 R2 的 RIP。

```
R2(config)#router rip
R2(config-router)#version 2
R2(config-router)#no auto-summary
R2(config-router)#network 192.168.12.0
R2(config-router)#network 192.168.23.0
```

(4)配置路由器 R3 的 RIP。

```
R3(config)#router rip
R3(config-router)#version 2
R3(config-router)#no auto-summary
R3(config-router)#network 172.16.3.0
R3(config-router)#network 192.168.23.0
```

(5)在路由器 R3 上配置编号的标准 ACL。

```
R3(config)#access-list 1 deny 172.16.1.0 0.0.0.255 //定义 ACL
R3(config)#access-list 1 permit any
```

"R3(config)#access-list 1 deny 172. 16. 1. 0 0. 0. 0. 255"中的"0. 0. 0. 255"是通配符掩码,一个 32 位的数字字符串,它规定了当一个 IP 地址与其他 IP 地址进行比较时,该 IP 地址中哪些位应该被忽略。通配符掩码中的"1"表示忽略 IP 地址中相应的位,而"0"则表示该位必须匹配。两种特殊的通配符掩码是"255. 255. 255. 255"和"0. 0. 0. 0",前者等价于关键字"any",而后者等价于关键字"host"。

访问控制列表表项的检查按自上而下的顺序进行,并且从第一个表项开始,所以须考虑在访问控制列表中定义语句的次序。路由器不对自身产生的 IP 数据包进行过滤。访问控制列表最后隐含一条拒绝所有(deny any)的项。

(6)在接口下应用 ACL。

```
R3(config)#interface f 0/0
R3(config-if)#ip access-group 1 out                //在接口下应用 ACL。
```

(1)每一个路由器接口的每一个方向、每一种协议只能创建一个 ACL。

(2)注意标准的访问控制列表,应用时尽量靠近目的。由于标准访问控制列表只使用源地址,如果将其靠近源,会阻止数据包流向其他端口。例如实验 1,若在 R1 的 F0/1 的 in 方向应用访问控制列表 1,则 PC2 的所有包都会被 deny,而我们实际想 deny 的仅仅是 PC3 的包。

(7)实验验证:用 PC1 ping 172. 16. 3. 2,应该通,在 PC2 上 ping 172. 16. 3. 2,应该不通。可用"show ip access-lists"命令来查看所定义的 IP 访问控制列表。

```
R3#show ip access-lists
Standard IP access list 1
    deny 172.16.1.0 0.0.0.255 (4 match(es))
    permit any (66 match(es))
```

以上输出表明路由器 R3 上定义的标准访问控制列表为"1",括号中的数字表示匹配条件的数据包的个数,可以用"clear access-list counters"命令将访问控制列表计数器清零。可用"snow ip interface"命令查看接口下访问控制列表应用的情况。

```
R3#show ip interface f0/0
FastEthernet0/0 is up, line protocol is up (connected)
  Internet address is 172.16.3.3/24
```

```
  Broadcast address is 255.255.255.255
  Address determined by setup command
  MTU is 1500 bytes
  Helper address is not set
  Directed broadcast forwarding is disabled
  Outgoing access list is 1
  Inbound access list is not set
...
```

10.3 实验 2:扩展 ACL

【实验名称】扩展 ACL。

【实验目的】定义扩展 ACL;应用扩展 ACL;扩展 ACL 调试。

【实验背景】你是学校的网络管理员,要求老师的主机可以访问 R2 上的 Telnet 服务,并拒绝 PC3 所在的网段 ping 路由器 R2。

【实现功能】实现网段间互相访问的安全控制。

【实验拓扑】实验拓扑如图 10.2 所示。

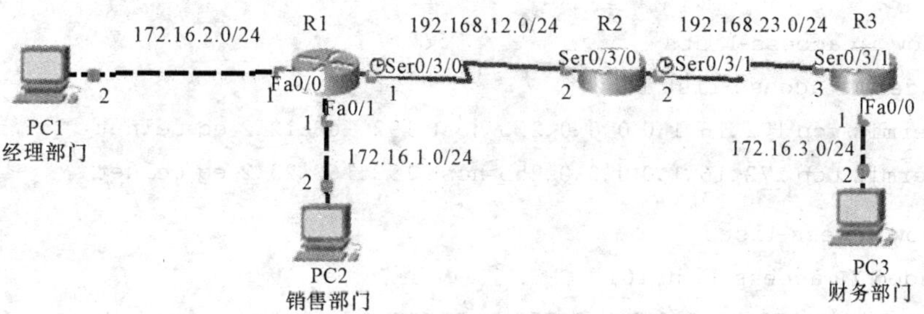

图 10.2 实验 2 拓扑

本实验要求 PC2 所在网段的主机只能访问路由器 R2 的 Telnet 服务,而不能访问 R2 的其他服务。PC3 所在网段不能 ping 路由器 R2,而允许访问 R2 的其他服务。整个网络配置 RIPv2 保证连通性。

【实验设备】PC(3 台),路由器(3 台)。

实验步骤如下。

(1)按图 10.2 所示配置各接口 IP 地址、各串行链路时钟。

(2)配置各路由器的 RIP。

(3)配置 R2,开启 Telnet 服务。

```
R2(config)#line vty 0 4
R2(config-line)#password cisco
R2(config-line)#login
```

(4)配置扩展 ACL 并在路由器 R1 应用。

```
R1(config)#access-list 100 permit tcp 172.16.1.0 0.0.0.255 host 192.168.12.2 eq telnet
```

```
R1(config)#access-list 100 permit tcp 172.16.1.0 0.0.0.255 host 192.168.23.2 eq telnet
R1(config)#interface fastEthernet 0/1
R1(config-if)#ip access-group 100 in
```

(5)配置扩展 ACL 并在路由器 R3 应用。

```
R3(config)#access-list 101 deny icmp 172.16.3.0 0.0.0.255 host 192.168.12.2
R3(config)#access-list 101 deny icmp 172.16.3.0 0.0.0.255 host 192.168.23.2
R3(config)#access-list 101 permit ip any any
R3(config)#interface fastEthernet 0/0
R3(config-if)#ip access-group 101 in
```

注意扩展的访问控制列表,应用时尽量靠近过滤源。这样创建的过滤器就不会反过来影响其他接口上的数据流。例如实验 2,如果在 R2 的 S0/3/0的 in 方向应用访问控制列表 100,则 PC1 本来应该可以 Telnet R2,但由于在 R2 的 s0/3/0 入方向要匹配 ACL,匹配不上,就用默认的 deny any,所以实际匹配了默认的 deny any,于是就被 deny 了。但设计者的本意是要 permit 的。

(6)实验验证:在路由器 R2 查看访问控制列表 100,在路由器 R3 上查看访问控制列表 101。

```
R1#show ip access-lists
Extended IP access list 100
    permit tcp 172.16.1.0 0.0.0.255 host 192.168.12.2 eq telnet
    permit tcp 172.16.1.0 0.0.0.255 host 192.168.23.2 eq telnet

R3#show access-lists
Extended IP access list 101
    deny icmp 172.16.3.0 0.0.0.255 host 192.168.12.2
    deny icmp 172.16.3.0 0.0.0.255 host 192.168.23.2 (4 match(es))
    permit ip any any
```

PC1 ping R2,PC1 Telnet R2,都是允许的。PC2 可以 Telnet R2,但 PC2 不能 ping 通 R2。PC3 不能 ping 通 R2,但 PC3 可以 Telnet R2。

10.4 命令汇总

ACL 相关命令见表 10.2。

表 10.2 命令汇总

命　令	作　用
show ip access-lists	查看所定义的 IP 访问控制列表
clear access-list counters	将访问控制列表计数器清零
access-list	定义 ACL
ip access-group	在接口下应用 ACL

10.5 FAQ

1. 模拟环境下 IP 地址怎么设?

答:在 Desktop 选项卡 IP configuration 中设置,如图 10.3、10.4 所示。

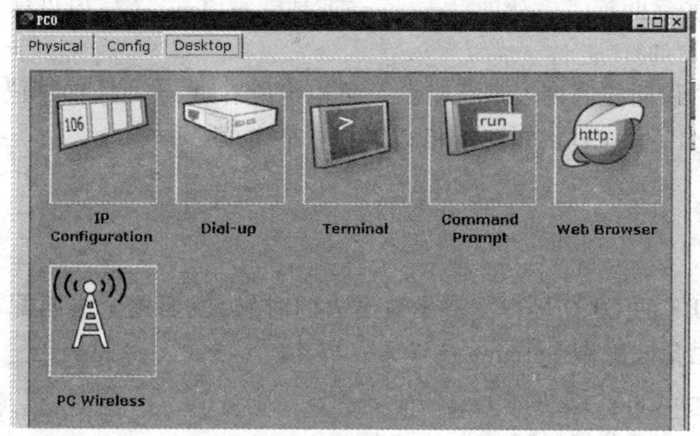

图 10.3　设 IP 地址页面一

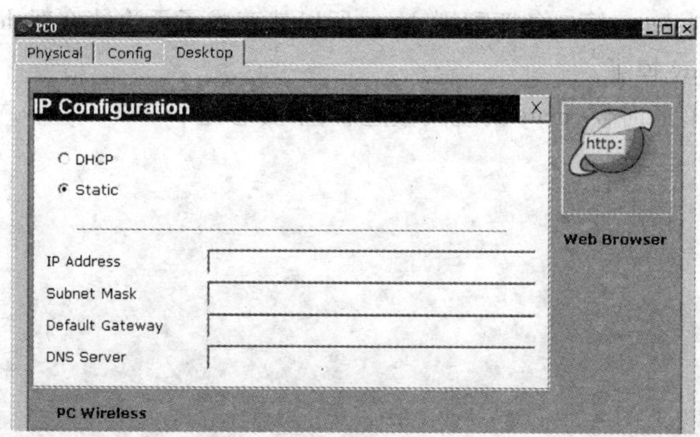

图 10.4　设 IP 地址页面二

2. 当 PC1 的 IP 地址设成 172.16.2.0,子网掩码设成 255.255.0.0,默认网关不设时,为什么不对?

答:实验要求 PC1 所在的网络号是 172.16.2.0/24,注意 172.16.2.0 是网络 IP 地址。一个 IP 地址分网络号和主机号两部分。IP 主机号为 0,用来表示网络地址,主机号为 255,用来表示广播地址,所以 PC 机在选用 IP 的时候,其主机号只能用 1—254 的编号。而实验要求的环境中,路由器 R1 的左边接口已经配置成 172.16.2.1,所以 PC1 的 IP 地址可以用 172.16.2.2—172.16.2.254 的任意一个。

子网掩码默认是 255.255.0.0,但这里要设成 255.255.255.0,因为 172.16.2.0/24 要求前 24 位为网络号。

默认网关要设成 172.16.2.1,即离自己最近的路由器的相应接口的 IP 地址。否则,即使路由器之间的路由已经跑起来,各 PC 仍会 ping 不通。

3. 路由协议为什么不能采用 RIPv1?

答:建议用 RIPv2 或 OSPF。因为 RIPv1 无法携带子网信息,所以本实验不能采用。

4. 实验 3 可以在实验 2 的拓扑上继续做么?

答:可以,但记得要取消实验 2 的访问控制列表。

```
no access-list 100
no access-list 101
```

5. 怎么理解"访问控制列表最后隐含一条拒绝所有(deny any)的项"?

答:例如实验 1 的 ACL 1,实际上相当于有三个表项:

```
deny 172.16.1.0 0.0.0.255
permit any
deny any
```

当一个包在 R3 的 F0/0 接口准备发送出去的时候,就要逐个去匹配 ACL 1。第一条匹配则 deny,第二条匹配则 permit。

假设没有 permit any,则实际上有两个表项:

```
deny 172.16.1.0 0.0.0.255
deny any
```

第一条匹配则 deny,第二条匹配则 deny,所以就变成了无论什么都 deny 了,这时把不该 deny 的也都 deny 掉了。

所以在做 ACL 的时候,deny 的规则做过后,不要忘记 permit any。

第 11 章

高级 ACL

访问控制列表 ACL 可以对数据流进行过滤，是实现基本的安全网络手段之一。而基于时间的 ACL 可以在相应的时间段内实现对数据流的各种控制。

11.1 实验:基于时间的 ACL

【实验名称】基于时间的 ACL。

【实验目的】掌握基于时间段进行控制的 IP 访问列表配置。

【实验背景】某公司经理最近发现，有些员工在上班时间经常上网浏览与工作无关的网站，影响工作，因此他通知网络管理员，在网络上进行设置，在上班时间只允许浏览与工作相关的几个网站，禁止访问其他网站。

【实现功能】基于时间对网络访问进行控制，提高网络的使用效率和安全性。

【实验拓扑】实验拓扑如图 11.1 所示。

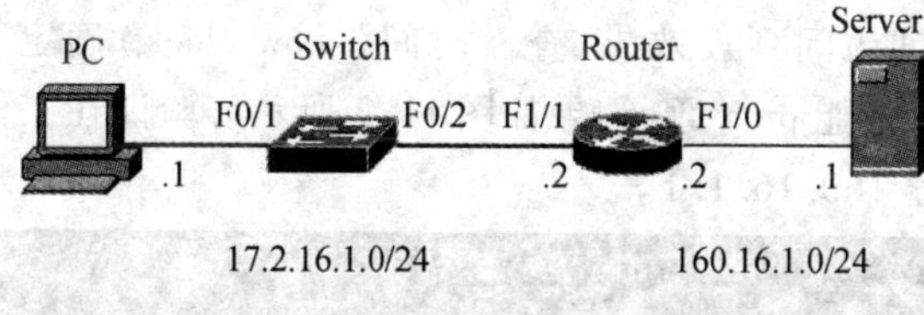

图 11.1　实验 1 拓扑

如图，Router 的 F1/1 是该公司网络的出口，Server 是与工作相关的服务器，允许员工在任意时间访问，而除此之外的服务器，则只允许在非工作时间(上午 8 点之前，下午 17 点之后)访问。

【实验设备】锐捷 S2128G 或锐捷 S3760-24(1 台)和锐捷 R2692 或锐捷 R2690(1 台)。

实验步骤如下。

(1)在路由器上定义基于时间的访问控制列表。

```
Router(config)#access-list 100 permit ip any host 160.16.1.1
Router(config)#access-list 100 permit ip any any time-range t1
Router(config-time-range)#absolute start 8:00 7 jul 2011 end 18:00 30
```

```
dec 2020
Router(config-time-range)#periodic daily 0:00 to 8:00
Router(config-time-range)#periodic daily 17:00 to 23:59
```

定义时间接口前须先校正系统时间(用 clock set 命令)。time-range 接口上允许配置多条 periodic 规则(周期时间段),在 ACL 进行匹配工作时,只要能匹配一条 periodic 规则即认为匹配成功,而不是要求必须同时匹配多条 periodic 规则。设置 periodic 规则时可以按以下日期段进行设置:day-of-the-week(星期几)、Daily(每天)。time-range 接口上只允许配置一条 absolute规则(绝对时间段)。time-range 允许 absolute 规则与 periodic 规则共存。此时 ACL 必须首先匹配 absolute 规则,然后再匹配 periodic 规则。

(2)在接口上应用访问列表。

```
Router(config)#interface fastEthernet 1/0
Router(config-if)#ip access-group 100 out
```

(3)实验验证:查看访问控制列表。

```
Router(config)#show access-lists
Extended IP access list 10 includes 2 items (total 2375 matches):
    permit ip any host 160.16.1.1(8 matches)
    permit ip any any time-range t1 (active) (2367 matches)
```

查看 time-range。

```
Router(config)#show time-range
time-range entry: t1 (active)
    absolute start 08:00 07 July 2011 end 18:00 30 December 2020
    periodic Daily 0:00 to 8:00
    periodic Daily 17:00 to 23:59
```

(4)实验验证:测试访问列表效果,查看时间(show clock)确定现在处于上班时间。PC ping 160.16.1.1,应该能 ping 通,结果如图 11.2 所示。验证在工作时间仍可以访问与工作内容相关的服务器 160.16.1.1。

```
C:\Documents and Settings\user>ping 160.16.1.1

Pinging 160.16.1.1 with 32 bytes of data:

Reply from 160.16.1.1: bytes=32 time<1ms TTL=127
Reply from 160.16.1.1: bytes=32 time<1ms TTL=127
Reply from 160.16.1.1: bytes=32 time<1ms TTL=127
Reply from 160.16.1.1: bytes=32 time<1ms TTL=127

Ping statistics for 160.16.1.1:
    Packets: Sent = 4, Received = 4, Lost = 0 (0% loss),
Approximate round trip times in milli-seconds:
    Minimum = 0ms, Maximum = 0ms, Average = 0ms
```

图 11.2 ping 允许服务器测试

将服务器 IP 地址改为 160. 16. 1. 5(或者用另外一台服务器),PC ping 160. 16. 1. 5,应该 ping 不通,结果如图 11. 3 所示。验证在工作时间不能访问服务器 160. 16. 1. 5。

```
Pinging 160.16.1.5 with 32 bytes of data:

Request timed out.
Request timed out.
Request timed out.
Request timed out.

Ping statistics for 160.16.1.5:
    Packets: Sent = 4, Received = 0, Lost = 4 (100% loss),
```

图 11. 3 ping 禁止服务器测试

现在改变路由器的时钟到非工作时间 22:00,再进行测试。

PC ping 160. 16. 1. 5,应该能 ping 通,如图 11. 4 所示。验证在非工作时间可以访问服务器 160. 16. 1. 5。

```
C:\Documents and Settings\user>ping 160.16.1.5

Pinging 160.16.1.5 with 32 bytes of data:

Reply from 160.16.1.5: bytes=32 time<1ms TTL=127
Reply from 160.16.1.5: bytes=32 time<1ms TTL=127
Reply from 160.16.1.5: bytes=32 time<1ms TTL=127
Reply from 160.16.1.5: bytes=32 time<1ms TTL=127

Ping statistics for 160.16.1.5:
    Packets: Sent = 4, Received = 4, Lost = 0 (0% loss),
Approximate round trip times in milli-seconds:
    Minimum = 0ms, Maximum = 0ms, Average = 0ms
```

图 11. 4 非工作时间 ping 测试

11.2 命令汇总

基于时用的 ACL 相关命令如表 11. 1 所示。

表 11. 1 命令汇总

命 令	作 用
show ip access-lists	查看所定义的 IP 访问控制列表
access-list	定义 ACL
time-range time	定义时间范围

11.3 FAQ

1. PC 和服务器的默认网关应该怎么设?

答:分别设置成 172.16.1.2 和 160.16.1.2。

2. 即使是没有设置 ACL,PC 和服务器始终不通的原因有哪些?

答:检查各 PC 的 IP 地址和默认网关是否正确配置,路由器的接口 IP 地址是否正确配置,路由器接口指示灯是否是亮的。

3. 路由器连接服务器的接口指示灯始终不亮,是不是路由器坏了?

答:不一定。很可能是选用了锐捷 R2692,此时需要一根交叉线,而实验室连线均为直连线,所以可以通过一台交换机进行转换,即在路由器和 PC 之间连一交换机。

第 12 章

NAT

Internet 技术的飞速发展,使越来越多的用户加入到 Internet。因此,IP 地址短缺已经成为了一个十分突出的问题,NAT(Network Address Translation,网络地址翻译)是解决 IP 地址短缺的重要手段。

12.1 NAT 概述

NAT 是一个 IETK 标准,允许一个机构以一个地址出现在 Internet 上。NAT 技术使得一个私有网络可以通过 Internet 注册 IP 连接到外部世界,位于 Inside 网络和 Outside 网络边界的 NAT 路由器在发送数据包之前,负责把内部 IP 地址翻译成合法的 IP 地址。NAT 将每个局域网节点的 IP 地址转换成一个合法 IP 地址,反之亦然。它也可以应用在防火墙技术中,把个别 IP 地址隐藏起来不被外界发现,对内部网络设备起到保护作用,同时,它还可以帮助网络超越地址数的限制,合理地安排网络中的公有 Internet 地址和私有 IP 地址的使用。

NAT 有三种类型:静态 NAT、动态 NAT 和端口地址转换(PAT)。

(1)静态 NAT。在静态 NAT 中,内部网络中的每个主机都被永久映射成外部网络中的某个合法地址。静态地址转换将内部本地地址与合法地址进行一对一的转换,且需要指定和哪个合法地址进行转换。如果内部网络有 E-mail 服务器和 FTP 服务器等可以为外部用户提供的服务,这个服务器的 IP 地址必须采用静态地址转换,以便外部用户可以使用这些服务。

(2)动态 NAT。动态 NAT 首先要定义合法地址池,然后采用动态分配的方法映射到内部网络。动态 NAT 是动态的一对一映射。

(3)PAT。PAT 则是把内部地址映射到外部网络的 IP 地址的不同端口上,从而可以实现多对一的映射。PAT 对于节省 IP 地址是最为有效的。

12.2 实验1:静态NAT配置

【实验名称】静态NAT的配置。

【实验目的】掌握静态NAT的特征,静态NAT的基本配置和调试。

【实验背景】现在某集团公司内部使用的是内部私有IP地址,该公司申请了202.96.1.3和202.96.1.4两个公网地址。假设你是该公司的网络管理员,现在内网中有两台服务器,地址分别是192.168.1.1和192.168.1.2,请在出口路由器上配置静态NAT,以便外网用户能合法访问这两个集团内部的服务器。

【实验功能】完成内部IP地址和外部IP地址的一对一静态映射。

【实验拓扑】实验拓扑如图12.1所示。

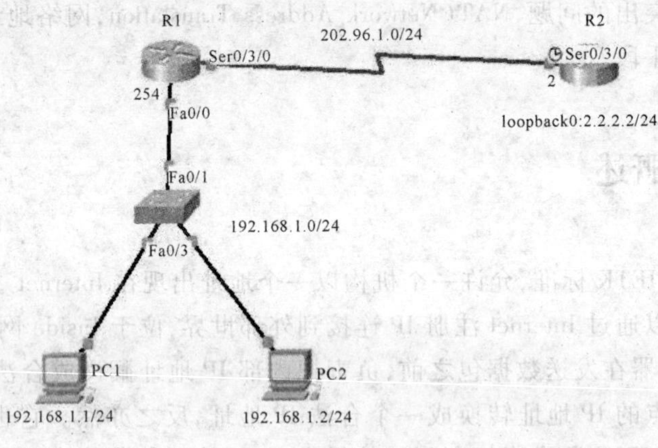

图12.1 实验1拓扑

【实验设备】PC(2台),交换机(1台),路由器(2台)。

实验步骤如下。

(1)配置各PC、各路由器的IP地址。配置路由器间串行链路的时钟,配置PPP协议。

(2)配置R1和R2的路由协议。

```
R1(config)#router rip
R1(config-router)#version 2
R1(config-router)#no auto-summary
R1(config-router)#network 202.96.1.0
R2(config)#router rip
R2(config-router)#version 2
R2(config-router)#no auto-summary
R2(config-router)#network 202.96.1.0
R2(config-router)#network 2.0.0.0
```

> R1 通告网络时不通告 192.168.1.0 网段。现在运行路由协议的目的是使外网相互连通,而 192.168.1.0 是内网。

(3)实验验证,此时,由于没有 NAT 转换,内网 PC 无法访问 2.2.2.2。

> 此时还未配置 NAT,内网用户无法以公网地址合法访问外网。

(4)在 R1上配置 NAT。

```
R1(config)#ip nat inside source static 192.168.1.1 202.96.1.3
R1(config)#ip nat inside source static 192.168.1.2 202.96.1.4
//配置静态 NAT 映射。
R1(config)#interface f0/0
R1(config-if)#ip nat inside
//配置 NAT 内部接口。
R1(config)#interface s0/3/0
R1(config-if)#ip nat outside
//配置 NAT 外部接口。
```

(5)实验验证。此时由于配置了 NAT,内网 PC 可以访问 2.2.2.2。为看出 NAT 转换效果,可以使用 debug 或 show。

- debug ip nat。该命令可以查看地址翻译的过程。

```
R1#debug ip nat
IP NAT debugging is on
R1#
NAT: s=192.168.1.1->202.96.1.3, d=2.2.2.2[0]
NAT*: s=2.2.2.2, d=202.96.1.3->192.168.1.1[0]
NAT: s=192.168.1.1->202.96.1.3, d=2.2.2.2[0]
NAT*: s=2.2.2.2, d=202.96.1.3->192.168.1.1[0]
NAT: s=192.168.1.1->202.96.1.3, d=2.2.2.2[0]
NAT*: s=2.2.2.2, d=202.96.1.3->192.168.1.1[0]
NAT: s=192.168.1.1->202.96.1.3, d=2.2.2.2[0]
NAT*: s=2.2.2.2, d=202.96.1.3->192.168.1.1[0]
```

- show ip nat translations。该命令用来查看 NAT 表。在静态映射的时候,NAT 表一直存在。

```
R1#show ip nat translations
Pro   Inside global   Inside local   Outside local   Outside global
---   202.96.1.3      192.168.1.1    ---             ---
---   202.96.1.4      192.168.1.2    ---             ---
```

内部局部(inside local)地址:在内部网络使用的地址,往往是 RFC1918 地址。

内部全局(inside global)地址:用来代替一个或多个本地 IP 地址的、对外的、向 NIC 注册过的地址。

外部局部(outside local)地址:一个外部主机相对于内部网络所用的 IP 地址。不一定是合法的地址。

外部全局(outside global)地址:外部网络主机的合法 IP 地址。

12.3 实验 2:动态 NAT

【实验名称】动态 NAT。

【实验目的】掌握动态 NAT 的特性,动态 NAT 的配置和调试。

【实验背景】现在某集团公司内部使用的是内部私有 IP 地址,该公司申请了 202.96.1.3 到 202.96.1.100 的这些公网地址。假设你是该公司的网络管理员,请在出口路由器上配置动态 NAT,以便将内网用户的 IP 地址动态转换成一个合法的公网地址,从而确保内网用户能访问外网。

【实验功能】实现内部 IP 地址和外部 IP 地址,动态的一对一映射。

【实验拓扑】实验拓扑如图 12.2 所示。

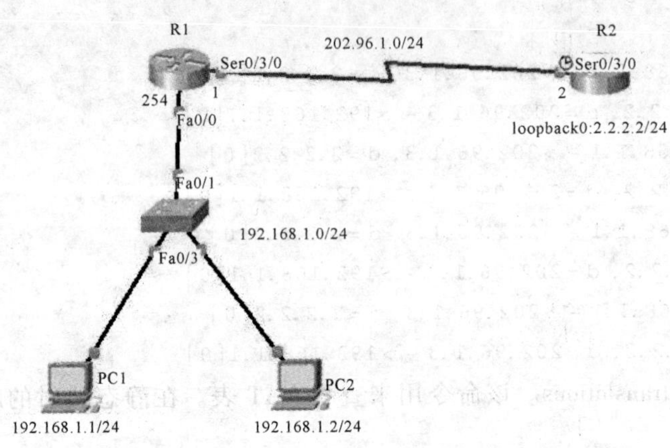

图 12.2 实验 2 拓扑

【实验设备】PC(2 台),交换机(1 台),路由器(2 台)。

实验步骤如下。

(1)地址配置,串行链路配置,路由协议配置同实验 1。

(2)配置路由器 R1 提供 NAT 服务

```
R1(config)#ip nat pool NAT 202.96.1.3 202.96.1.100 netmask 255.255.255.0
//配置动态 NAT 转换的地址池。
```

```
R1(config)#ip nat inside source list 1 pool NAT
//配置动态 NAT 映射。
R1(config)#access - list 1 permit 192.168.1.0 0.0.0.255
//运行动态 NAT 转换的内部地址范围 。
R1(config)#interface f0/0
R1(config-if)#ip nat inside
R1(config)#interface s0/3/0
R1(config-if)#ip nat outside
```

(3)实验验证,在 PC1 和 PC2 上都 ping 2.2.2.2,仍然可以采用 debug 和 show 来查看动态 NAT 的效果。

- **debug ip nat**

```
R1#debug ip nat
IP NAT debugging is on
NAT: s=192.168.1.1 - >202.96.1.3, d=2.2.2.2[1]
NAT*: s=2.2.2.2, d=202.96.1.3 - >192.168.1.1[1]
NAT: s=192.168.1.1 - >202.96.1.3, d=2.2.2.2[1]
NAT*: s=2.2.2.2, d=202.96.1.3 - >192.168.1.1[1]
NAT: s=192.168.1.1 - >202.96.1.3, d=2.2.2.2[1]
NAT*: s=2.2.2.2, d=202.96.1.3 - >192.168.1.1[1]
NAT: s=192.168.1.1 - >202.96.1.3, d=2.2.2.2[1]
...
```

- **show ip nat translations**

```
R1#show ip nat translations
Pro    Inside global    Inside local    Outside local    Outside global
---    202.96.1.3       192.168.1.1     ---              ---
---    202.96.1.4       192.168.1.2     ---              ---
```

> 动态 ANT 表面上看起来跟静态 NAT 相同,但动态 NAT 中开始只有 192.168.1.4 去 ping 2.2.2.2,会先在地址池中选择 202.96.1.3 进行 NAT 转换。静态 NAT 中固定转换成 202.96.1.4。

- **show ip nat statistics**

```
R1#show ip nat statistics
Total translations: 2 (0 static, 2 dynamic, 0 extended)
Outside Interfaces: Serial0/3/0
Inside Interfaces: FastEthernet0/0
Hits: 30 Misses: 2
Expired translations: 0
Dynamic mappings:
- - Inside Source
access-list 1 pool NAT refCount 2
```

```
pool NAT: netmask 255.255.255.0
    start 202.96.1.3 end 202.96.1.100
  type generic, total addresses 98 , allocated 2 (2% ), misses 0
```

12.4 实验 3:PAT

【实验名称】PAT 配置。

【实验目的】掌握 PAT 的特征,overload 的使用,PAT 的配置和调试。

【实验背景】现在某集团公司内部使用的是内部私有 IP 地址,该公司申请了 202.96.1.3 到 202.96.1.100 的这些公网地址。假设你是该公司的网络管理员,请在出口路由器上配置 PAT,以便能实现多对一的映射。

【实验功能】PAT 则是把内部地址映射到外部网络的 IP 地址的不同端口上,从而可以实现多对一的映射。

【实验拓扑】实验拓扑如图 12.3 所示。

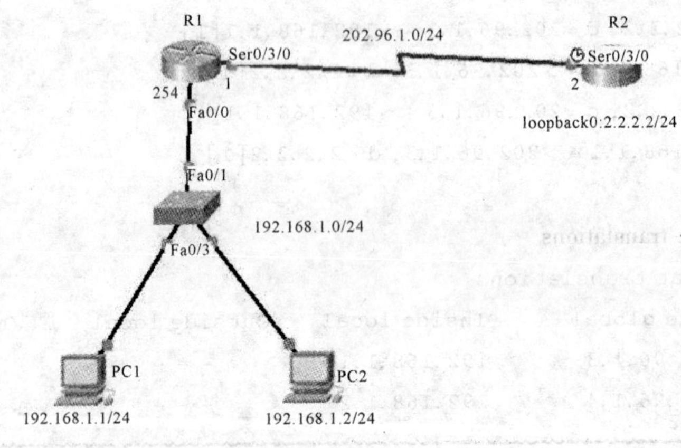

图 12.3 实验 3 拓扑

【实验设备】PC(2 台),交换机(1 台),路由器(2 台)。

实验步骤如下。

(1)IP 配置,串行链路配置,路由协议配置同实验 1。

(2)配置路由器 R1 提供 NAT 服务。

```
R1(config)#ip nat pool NAT 202.96.1.3 202.96.1.100 netmask 255.255.255.0
R1(config)#ip nat inside source list 1 pool NAT overload
//配置 PAT
R1(config)#access-list 1 permit 192.168.1.0 0.0.0.255
R1(config)#interface f0/0
R1(config-if)#ip nat inside
R1(config-if)#exit
R1(config)#interface s0/3/0
```

```
R1(config-if)#ip nat outside
```

(3)实验验证,在 PC1 和 PC2 上 ping 2.2.2.2,可以通过如下方式查看 PAT 效果。

- debug ip nat

```
R1(config)#debug ip nat
NAT: s=192.168.1.1->202.96.1.3, d=2.2.2.2[21]
NAT*: s=2.2.2.2, d=202.96.1.3->192.168.1.1[21]
NAT: s=192.168.1.1->202.96.1.3, d=2.2.2.2[22]
NAT*: s=2.2.2.2, d=202.96.1.3->192.168.1.1[22]
NAT: s=192.168.1.1->202.96.1.3, d=2.2.2.2[23]
NAT*: s=2.2.2.2, d=202.96.1.3->192.168.1.1[23]
NAT: s=192.168.1.1->202.96.1.3, d=2.2.2.2[24]
NAT*: s=2.2.2.2, d=202.96.1.3->192.168.1.1[24]
NAT: s=192.168.1.2->202.96.1.3, d=2.2.2.2[25]
NAT*: s=2.2.2.2, d=202.96.1.3->192.168.1.2[25]
NAT: s=192.168.1.2->202.96.1.3, d=2.2.2.2[26]
```

- show ip nat translation

```
R1#show ip nat translations
Pro   Inside global    Inside local      Outside local   Outside global
icmp  202.96.1.3:10    192.168.1.1:10    2.2.2.2:10      2.2.2.2:10
icmp  202.96.1.3:11    192.168.1.1:11    2.2.2.2:11      2.2.2.2:11
icmp  202.96.1.3:12    192.168.1.1:12    2.2.2.2:12      2.2.2.2:12
icmp  202.96.1.3:9     192.168.1.1:9     2.2.2.2:9       2.2.2.2:9
icmp  202.96.1.3:13    192.168.1.2:13    2.2.2.2:13      2.2.2.2:13
icmp  202.96.1.3:14    192.168.1.2:14    2.2.2.2:14      2.2.2.2:14
icmp  202.96.1.3:15    192.168.1.2:15    2.2.2.2:15      2.2.2.2:15
icmp  202.96.1.3:16    192.168.1.2:16    2.2.2.2:16      2.2.2.2:16
```

- show ip nat statistics

```
R1#show ip nat statistics
Total translations: 0 (0 static, 0 dynamic, 0 extended)
Outside Interfaces: Serial0/3/0
Inside Interfaces: FastEthernet0/0
Hits: 28 Misses: 28
Expired translations: 28
Dynamic mappings:
--Inside Source
access-list 1 pool NAT refCount 0
 pool NAT: netmask 255.255.255.0
   start 202.96.1.3 end 202.96.1.100
   type generic, total addresses 98 , allocated 0 (0%), misses 0
```

如果主机的数量不是很多，可以直接实验 outside 接口地址配置 PAT，不必定义地址池，命令如下：

```
R1(config)#ip nat inside source list 1 interface s0/3/0 overload
```

12.5 命令汇总

NAT 相关命令如表 12.1 所示。

表 12.1 命令汇总

命令	作用
show ip nat translations	查看 NAT 表 show
ip nat statistics	查看 NAT 转换的统计信息
debug ip nat	动态查看 NAT 转换过程
ip nat inside source static	配置静态 NAT
ip nat inside	配置 NAT 内部接口
ip nat outside	配置 NAT 外部接口
ip nat pool	配置动态地址池
ip nat inside source list 1 pool NAT	配置动态 NAT
ip nat inside source list 1 pool NAT overload	配置 PAT

12.6 FAQ

1. 怎样利用实验 1，做实验 2 和实验 3？

答：如果要在实验 1 基础上做实验 2，则：

```
no ip nat inside source static 192.168.1.1 202.96.1.3
no ip nat inside source static 192.168.1.2 202.96.1.4
```

就可以。

如果要在实验 2 基础上做实验 3，则“no ip nat inside source list 1”会提示无法删除。动态 NAT 的过期时间是 86400 秒，可以通过命令“show ip nat translations verbose”查看。也可以通过“R1(config)#ip nat translation timeout timeout”修改超时时间，参数 timeout 的范围是 0—2147483。但是该命令模拟器不支持。

如果做完实验 3，想取消“no ip nat inside source list 1”就可以，PAT 的过期时间是 60 秒，很快就会过期。

所以，最好是在做实验 1 时，配置好 IP，RIP，配置 NAT 之前保存，供 3 个实验使用。

2. 为什么正确配置了 IP 地址、路由协议、NAT,PC 仍然 ping 不通 2.2.2.2 呢?

答:可以逐步测试,先测试 PC 到默认网关是否通?若通,则测试 R1 是否能 ping 通 2.2.2.2,若不能,说明两个路由器之间的链路存在问题,很可能是忘记设置串行链路 DCE 端的时钟而导致串行链路不通。

3. 哪些地址是私有地址?

答:私有地址如表 12.2 所示。

表 **12.2** 私有地址

地址类别	地址范围	CIDR 前缀
A	10.0.0—10.255.255.255	10.0.0.0/8
B	172.16.0.0—172.31.255.255	172.16.0.0/12
C	192.168.0.0—192.168.255.255	192.168.0.0/16

第 13 章

规划大型单核心网络

【实验名称】大型(单核心)网络综合实验。

【实验原型】某大型企业全网建设。采用设备：RG-R3662 路由器、RG-S6806E 多业务万兆核心路由交换机、RG-S3550-12SFP/GT 全千兆三层路由交换机、RG-S2126G/50G 千兆安全智能堆叠交换机。

【实验目的】在实验室环境根据具体真实网络建设搭建模拟环境进行综合应用实验，指导学员如何规划实施大型企业、校园网络建设规划。

【预备知识】交换路由基础，OSPF、STP、802.1Q VLAN、NAT、ACL 访问控制等。

【背景描述】某集团为了加快信息化建设步伐，拟建设一个以集团办公自动化、电子商务、业务综合管理、多媒体视频会议、远程通信、信息发布及查询为核心，以现代网络技术为依托，技术先进、扩展性强，将集团的各种办公室、多媒体会议室、控制中心的 PC 机、工作站、终端设备、控制系统用高速计算机网络连接起来，实现内、外沟通的现代化计算机网络系统。该网络系统是日后支持办公自动化、供应链管理以及各应用系统运行的基础设施，为了确保这些关键应用系统的正常运行、安全和发展，系统必须具备如下的特性。

(1)采用先进的网络通信技术完成集团企业网的建设，实现各分公司的信息化。

(2)在整个企业集团内实现所有部门的办公自动化，提高工作效率和管理服务水平。

(3)在整个企业集团内实现资源共享、产品信息共享、实时新闻发布。

(4)在整个企业集团内实现财务电算化。

(5)在整个企业集团内实现集中式的供应链管理系统和客户服务关系管理系统。

【需求分析】

(1)采用先进的网络通信技术完成集团企业网的建设，实现各分公司的信息化。

分析：全网采用光纤连接，并使用合理的三级设计结构，各分公司独立成区域，防止个别区域发生问题影响整个网络的稳定运行。

(2)在整个企业集团内实现所有部门的办公自动化，提高工作效率和管理服务水平。

分析：既要实现部门内部的办公自动化，又要提高工作效率，建议整个网络用 VLAN 隔离，需要各个部门通信的使用 VLAN 间路由解决。

(3)在整个企业集团内实现资源共享、产品信息共享、实时新闻发布。

(4)在整个企业集团内实现财务电算化。

(5)在整个企业集团内实现集中式的供应链管理系统和客户服务关系管理系统。

分析:要实现企业集团公司与各分公司的信息化,因分公司较多,所分配的网段较多,建议采用动态路由协议,降低网管的维护成本。

【网络拓扑】网络拓扑如图 13.1 所示。

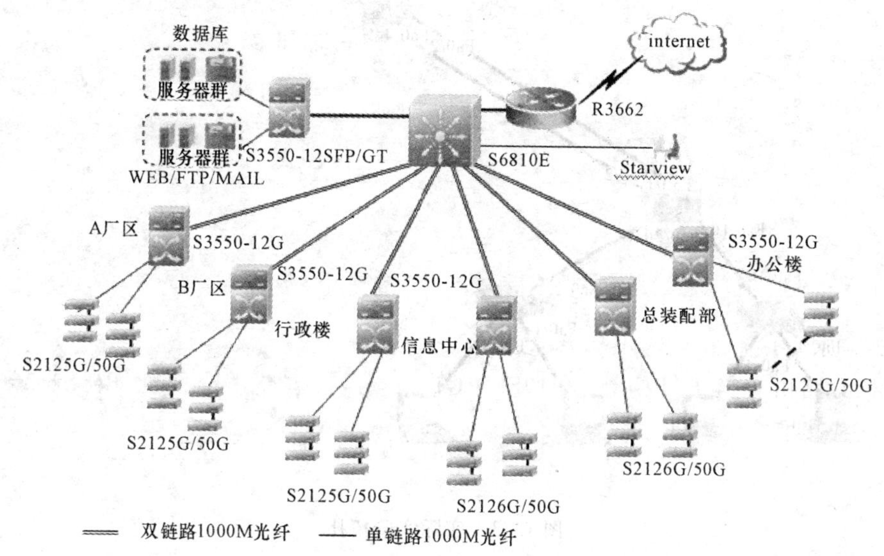

图 13.1 网络拓扑设计

【仿真实验拓扑】仿真实验拓扑如图 13.2 所示。

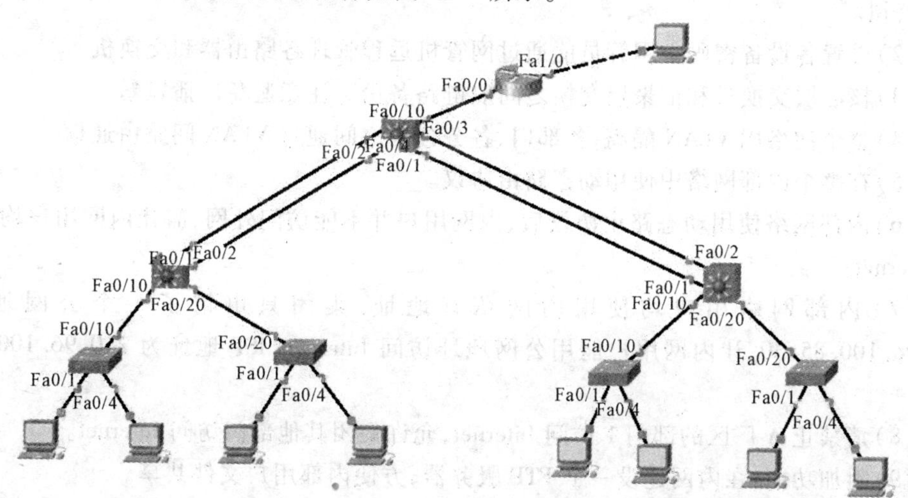

图 13.2 仿真实验拓扑

【实际实验拓扑】实际实验拓扑如图 13.3 所示。

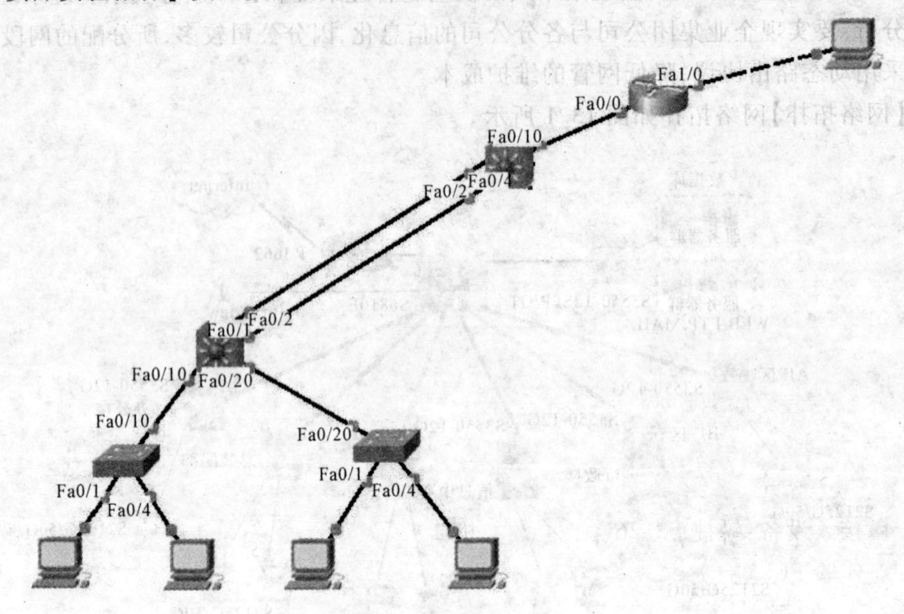

图 13.3 实际实验拓扑

【实现功能】

(1)按图 13.3 所示搭建实验拓扑,进行合理的 IP 地址规划。要求集团内 IP 地址全部采用内网私有地址,每个分公司下属部门形成一个子网。要求通过 IP 地址容易辨识所属分公司。

(2)设置各设备密码。网管员能通过网管机远程管理各路由器和交换机。

(3)核心层交换机和汇聚层交换之间双链路备份。注意避免广播风暴。

(4)整个网络用 VLAN 隔离,各部门、各分公司之间通过 VLAN 间路由通信。

(5)在整个内部网络中使用动态路由协议。

(6)内部网络使用动态路由协议后,内网用户并不能访问外网,需让内网用户均能访问 Internet。

(7)内部网络用户均使用内网私有地址,集团只申请了一个公网地址:210.96.100.85/30,让内网用户能用公网地址访问 Internet(ISP 地址为 210.96.100.86/30)。

(8)请禁止 A 厂区的部门 1 访问 Internet,允许集团其他部门访问 Internet。

(9)附加功能:在内网建设一个 FTP 服务器,方便内部用户文件共享。

【理想实验设备】

(1)出口设备:锐捷 R2624 路由器 1 台。

(2)核心设备:锐捷 S68 系列(或锐捷 S65/S35 系列设备)1 台,配置千兆光纤接口 2 块。

(3)汇聚设备:锐捷 S3550-24 2 台,每台配置 1 块千兆光纤接口。

(4)接入设备:锐捷 S2126G 二层交换机 4 台。

(5)实验 PC: 8 台。

(6)终端用户的默认网关指向各自对应的 VLAN 接口的 IP 地址。

【仿真实验设备】

(1)出口设备:Generic 路由器 1 台。

(2)核心设备:锐捷 3560 三层交换机 1 台。

(3)汇聚设备:锐捷 3560 三层交换机 2 台。

(4)接入设备:锐捷 2960 二层交换机 4 台。

(5)实验 PC:9 台。

【实际实验设备】

(1)出口设备:锐捷 R2624 路由器 1 台。

(2)核心设备:锐捷 S3600 系列 1 台。

(3)汇聚设备:锐捷 S3600 1 台。

(4)接入设备:锐捷 S2126G 二层交换机 2 台。

(5)实验 PC:5 台。

附　录

Packet Tracer 5.0 使用说明

一、软件简介

Packet Tracer 是由 CISCO 公司发布的一个辅助学习工具，为学习思科网络课程的初学者去设计、配置、排除网络故障提供了网络模拟环境。用户可以在软件的图形用户界面上直接使用拖曳方法建立网络拓扑，并可提供数据包在网络中行进的详细处理过程，观察网络实时运行情况。可以学习 IOS 的配置、锻炼故障排查能力。以下使用 Cisco Packet Tracer 5.0 版本。

二、认识界面

Packet Tracer 5.0 各部分介绍如附表 1 所示，打开时界面如附图 1 所示。

附表 1　各部分说明

1	菜单栏	有文件、选项和帮助等按钮，可以找到如打开、保存、打印和选项设置等基本命令，还可以访问活动向导
2	主工具栏	此栏提供了“文件”菜单命令的快捷方式。可单击右边的网络信息按钮可为当前网络添加说明信息
3	常用工具栏	常用工作区工具：选择、整体移动、备注、删除、查看、添加简单数据包和添加复杂数据包等
4	逻辑/物理工作区转换栏	可完成逻辑工作区和物理工作区的转换
5	工作区	可创建网络拓扑，监视模拟过程查看各种信息和统计数据
6	实时/模拟转换栏	完成实时模式和模拟模式的转换
7	网络设备库	包括设备类型库和特定设备库

续表

8	设备类型库	包含不同类型的设备如路由器、交换机、HUB、无线设备、连线、终端设备和网云等
9	特定设备库	包含不同设备类型中不同型号的设备，随设备类型库的选择级联显示
10	用户数据包窗口	管理用户添加的数据包

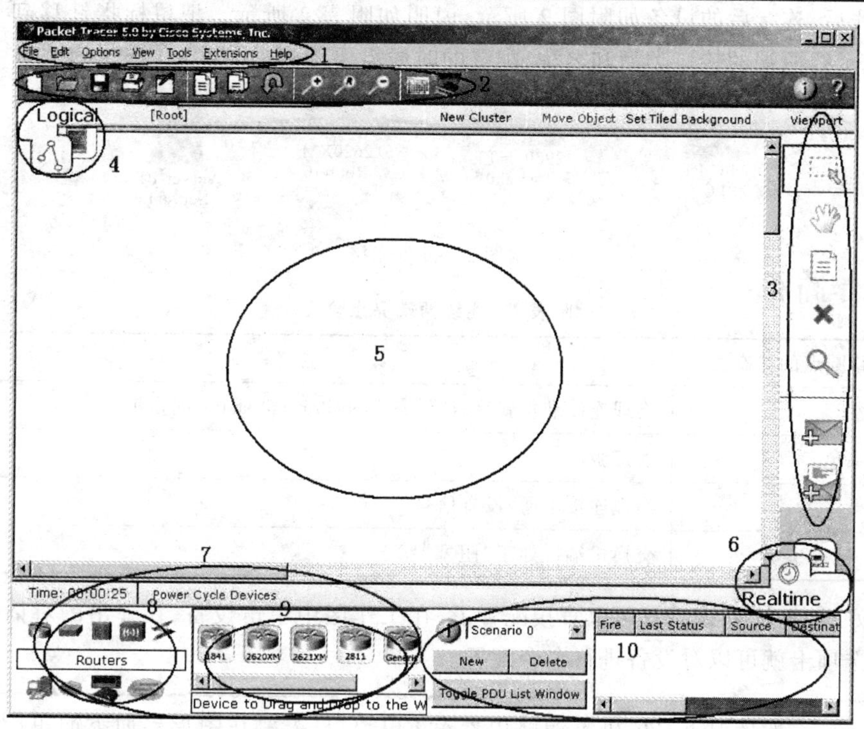

附图 1　Packet Tracer 5.0 打开界面

三、设备连线介绍

如附图 1 所示的区域 8 从左至右、从上到下依次为路由器、交换机、集线器、无线设备、设备之间的连线、终端设备。单击设备间连线区，可选择线型，依次为 Automatically Choose Connection Type(自动选线，一般不建议使用)、控制线、直通线、交叉线、光纤、电话线、同轴电缆、DCE、DTE。其中 DCE 和 DTE 用于路由器间连线。在实际操作中，DCE 和一台路由器相连，DTE 和另一台设备相连。实验中选一根即可，若选 DCE，则和这根线先连的路由器为 DCE，配置该路由器时需配置时钟。交叉线只在路由器和 PC 直接相连、或交换机和交换机间相连时才会用到。

四、设备使用

设备的选择可单击需要的设备,再单击中央工作区域,或者直接用鼠标拖曳该设备。连线操作单击需连线的设备,选接口,再单击另一设备,选接口即可。注意,接口不能乱选。连线后,连接后的设备如附图 2 所示,说明如附表 2 所示。把鼠标指针移到该连线上,会显示线两端的接口类型和名称,配置的时候需要用到。

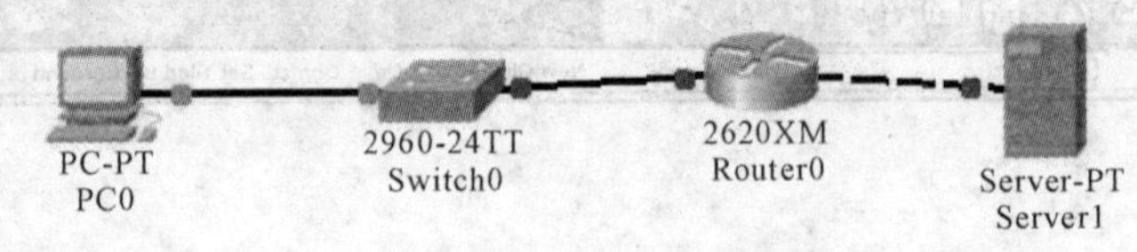

附图 2　设备连接

附表 2　线缆两端亮点含义

链路圆点的状态	含义
亮绿色	物理连接准备就绪,还没有 Line Protocol status 的指示
闪烁的绿色	连接激活
红色	物理连接不通,没有信号
黄色	交换机端口处于“阻塞”状态

选好设备,连好线后就可以直接配置了,在工作区中单击设备,在弹出的对话框中选择 CLI 选项卡就可以对设备进行命令配置。

> 一般情况下,PC 机不像路由器有 CLI,它只需要在图形界面下简单配置即可。一般通过 Desktop 选项卡下面的 IP Configuation 实现简单的 IP 地址、子网、网关和 DNS 的配置。此外还提供了拨号、终端、命令行(只能执行一般的网络命令)、Web 浏览器和无线网络功能。如果要设置 PC 机自动获取 IP 地址,可以在 Config 选项卡里的 Global Settings 设置。

五、设备模块增减

单击工作区的设备出现如附图 3 所示的设备配置对话框,从模块选择区域拖动窗口至模块放置窗口可以实现对设备相应功能模块的增减。如果没有在路由器上添加 WIC-1T 或者 WIC-2T 模块,由于没有 Serial 接口,使用 DTE 或者 DCE 线连接两台路由器时会发现连不上。

增减模块的时候需关闭设备电源。

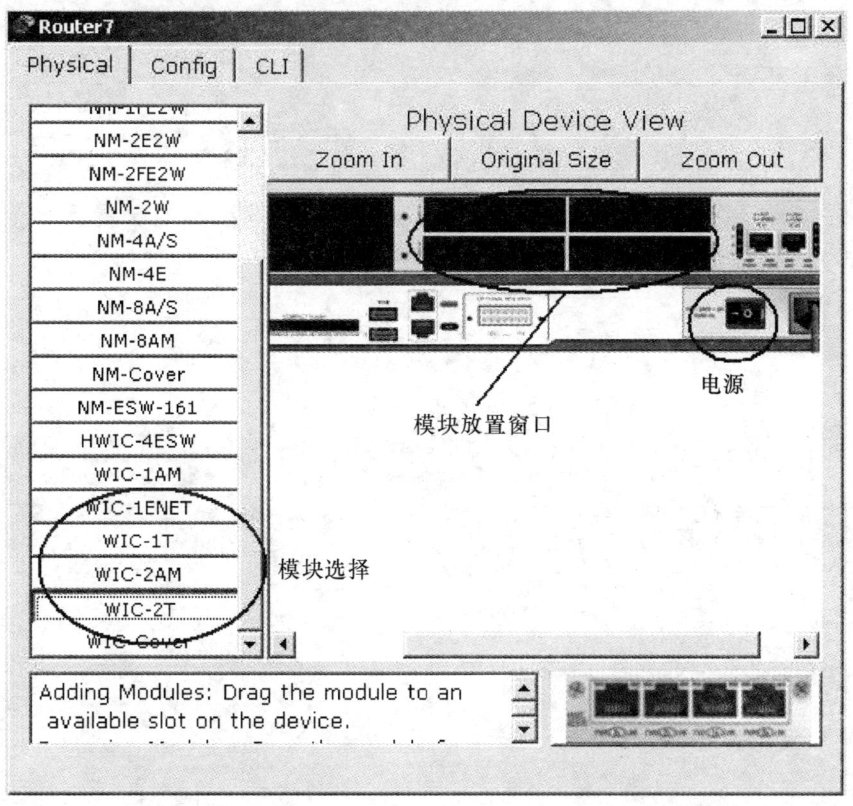

附图 3

六、辅助操作

在如附图 1 所示的常用工具栏区域 3，从上到下依次为选定/取消、移动（总体移动，移动某一设备，直接拖动即可）、Place Note（先选中）、删除、Inspect（选中后，在路由器、PC 机上可看到各种表，如路由表等）、simple PPD、complex。

建议在使用模拟软件搭建网站时候灵活使用保存选项，防止由于计算机故障或配置问题造成排错困难。

在菜单栏中单击"File"选项，选择"Save"选项，选择好保存地址并命名后单击保存。实验相关拓扑和配置将会以.pkt 为后缀扩展名保存。在另一台装有 Packet Tracer 软件的计算机上打开保存的工程文件，可以进行继续配置。

参考文献

[1] 梁广民,王隆杰. 思科网络实验室路由、交换实验指南. 北京:电子工业出版社. 2007

[2] 谢希仁. 计算机网络(第5版). 北京:电子工业出版社. 2008

贾跃进简介

贾跃进，主任医师，硕士研究生导师，全国名老中医工作室指导老师，中华中医药学会内科分会常务委员，世界中医药学会联合会亚健康专业委员会第三届理事会副会长，全国卫生产业企业管理协会治未病分会第一届理事会副会长，中华中医药学会脑病专业委员会常务委员。现任山西中医学院附属医院治未病中心主任，脑病科学科带头人。擅长中医药和非药物疗法治疗失眠、眩晕、头痛、口癖、中风等疾病。

贾跃进主任

贾跃进名老中医工作室人员及学生合影

贾跃进名老中医工作室人员及学生讨论

名老中医方药心得丛书

贾跃进论治失眠经验

第2版

主审　贾跃进

主编　吴秋玲

科学出版社

北京

内 容 简 介

本书是在第一版的基础上修订而成，为“名老中医方药心得丛书”之一，全书主要介绍了国家级名老中医贾跃进临床治疗失眠的经验。全书内容分为失眠理论篇、失眠治疗篇、亚健康态失眠调理篇、失眠医案篇、失眠医话篇及附录，系统介绍了贾跃进治疗失眠的学术思想、临床诊疗思路、方药运用经验、亚健康态失眠调理、门诊医案实录等，从中医理论到临床实践都进行了详细的论述，同时对亚健康失眠的调理也有较详细的介绍，并对门诊病历进行了数据分析，客观地分析和总结了贾跃进治疗失眠的用药规律。突出贾跃进诊治疾病特点，他善用经方，临证强调运用“百病生于气”调治失眠；他强调病机理论，认为气机失调而导致阳不入阴为失眠的基本病机；他强调从肝论治失眠，认为临床多存在虚实夹杂的病理特点。本书从理论到实践，再到客观数据挖掘，较全面地反映和总结了贾跃进治疗失眠的宝贵经验。

本书可供从事中医、中西医结合的临床、教学和科研人员阅读，也可供从事失眠症临床和科研的医务人员使用；还可供广大基层及农村医务工作者以及广大失眠患者和失眠亚健康人群阅读参考。

图书在版编目（CIP）数据

贾跃进论治失眠经验 / 吴秋玲主编.—2版.—北京：科学出版社，2020.3

（名老中医方药心得丛书）

ISBN 978-7-03-063569-3

Ⅰ.①贾… Ⅱ.①吴… Ⅲ.①失眠-中医临床-经验-中国-现代 Ⅳ.①R256.23

中国版本图书馆CIP数据核字（2019）第272231号

责任编辑：郭海燕/ 责任校对：李 影

责任印制：李 彤 / 封面设计：蓝正设计

科学出版社 出版

北京东黄城根北街16号

邮政编码：100717

http://www.sciencep.com

涿州市般润文化传播有限公司 印刷

科学出版社发行 各地新华书店经销

*

2017年3月第 一 版 开本：787×1092 1/16

2020年3月第 二 版 印张：11 1/4 插页：1

2022年1月第七次印刷 字数：272 000

定价：68.00元

（如有印装质量问题，我社负责调换）